东海绘里香
令人心动的配色编织

〔日〕东海绘里香　著

蒋幼幼　译

河南科学技术出版社
·郑州·

前　言

经常有人问我"为什么总是设计配色编织的作品呢？"

那纯粹是因为喜欢。

我喜欢编织，也同样喜欢绘制图案后思考如何配色。

使用亲肤的毛线，把可爱的动物和美丽的风景编织到作品中，

完成后还可以穿在身上，这是多么令人开心啊！

本书作品中，

有的曾经在《毛线球》中刊登过，此次从不同角度调整了设计，

有的是酝酿构思了多年的新作品。

我希望每件作品穿戴在身上时，

都可以让人不禁嘴角上扬，心情也能变得轻松愉悦，

于是便有了这些设计。

有的花样颜色比较多，编织起来可能有点复杂，

不妨一边想象着完成后的喜悦，一边愉快地编织吧。

东海绘里香（Erika Tokai）

目　录

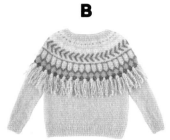

4

M

亲子企鹅开衫

p.24

N

狐狸斜挎包

p.26

O

狐狸围巾

p.27

P

滑针编织的条纹开衫

p.28

Q

拼布风桂花针披肩

p.29

R

小花圆育克套头衫

p.30

S

小花露指手套

p.31

T

花朵和蘑菇开衫

p.34

U

复古风阿兰毛衣

p.36

V

复古风阿兰帽子

p.38

W

小兔子背心

p.41

X

绵羊套头衫

p.43

美国短毛猫套头衫

斑纹清晰的美国短毛猫图案给人强烈的视觉冲击感。为了多一点留白的效果，在设计时放大了毛衣尺寸，大部分面积都没有任何图案，下摆的编织花样也极具存在感。由于下摆的加针比平常更多一些，最后做伏针收针时请将线拉得紧一点，或者使用比指定针号细一点的棒针。

用线 » 芭贝 British Eroika、Pelage
编织方法 » p.66

B

几何花样圆育克套头衫

这是一款从下往上编织的圆育克毛衣。因为是直线形花样，所以选择了甜美的配色。使用马海毛线和花式线编织，所以作品非常轻柔。建议多系些流苏，在视觉上打造出更加充盈灵动的感觉。流苏可先留长一点，后面再进行修剪，这样会更加整齐美观。

用线 » DARUMA Wool Mohair、LOOP、Soft Tam、Sprout
编织方法 » p.68

GEOMETRIC PATTERN
ROUND YORK PULLOVER

NORTHERN CHILD PULLOVER

C

北国儿童套头衫

这款图案是一个生活在冰雪地带、身着民族服装的小孩，头戴毛皮帽子包裹住小小的脸庞的样子实在太可爱了，于是将他编织到了作品中。实际上孩子们的衣服颜色比较少，如果直接转化为配色图案感觉有点单调，所以加入了少量对比色。另外还使用了仿皮草线，毛茸茸的煞是可爱。

用线 » 和麻纳卡 Exceed Wool L（中粗）、Merino Wool Fur
编织方法 » p.71

D

平针花样背心

这款背心尝试用下针编织出了"平针花样",表现出了10cm×10cm面积内2针3行的超粗下针针目。由于使用细线编织,勾勒出了更加自然的弧度。整件背心不到200克重,十分轻软。因为是横向渡线编织,所以非常暖和。身片无须编织袖窿,将肩部接合后在袖口编织罗纹针即可,简单的设计也非常适合不太习惯配色编织的朋友。

用线 » 芭贝 British Fine
编织方法 » p.98

ONE POINT HEDGEHOG
PULLOVER

E

小刺猬点缀的套头衫

分别在肩部和袖口加入了一只小刺猬。松软轻柔的套头衫无论是编织还是穿着都让人心情愉悦。相对于并不显眼的图案，不妨选择大胆一点的颜色作为主色。刺绣部分使用了金银丝线，若是使用不同质感的花式线刺绣也一定颇为有趣。

用线 » 芭贝 Julika Mohair、British Eroika、Miroir <Perle>
编织方法 » p.65

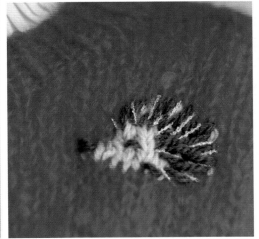

HEDGEHOG BAG

F

刺猬手拎包

想制作一个既简单又别致的手拎包，便有了这款设计。因为使用了毛纤维较长的仿皮草线，所以很难看清针目。需要一边用左手按住织物，一边确认针目的位置进行编织。缝合脸部时使鼻尖朝上，这样拎起来才会更加协调。乘坐公共交通工具时，小心别让刺猬的鼻尖碰到旁边的人哟。

用线 » DARUMA Fake Fur、Merino（极粗）
编织方法 » p.74

HEDGEHOG POUCH

G

刺猬零钱包

用短针钩织完成后，再绣出身上的刺。刺绣时，如果反面的渡线比较短，也可以不使用内衬。通过不同的刺绣方法和配色，很容易制作出富有个性的零钱包。索性选择颜色鲜艳的线材编织，再绣上亮片也很可爱。或者用暗一点的颜色编织主体，再用白色线刺绣也很不错。试着编织一个专属于自己的小刺猬吧。

用线 » 芭贝 British Eroika
编织方法 » p.75

旋转木马套头衫

已经编织了很多野生动物的配色花样，有时也想编织一些非野生的动物，于是设计了这款作品。欢快的旋转木马图案一直延伸至后身片。由于使用了杂黑色为主色调，金银丝线和亮片显得格外亮眼。编织木马的柱子时，纵向渡线会比横向渡线更加美观。越是细小的地方，越要仔细编织。

用线 » 芭贝 British Eroika、Julika Mohair、Miroir <Perle>
编织方法 » p.56

MERRY-GO-ROUND
PULLOVER

CHECK PATTERN SKIRT

格纹半身裙

能否用"配色编织"的方法表现出"纺织"的纹理呢？这款花样便是在这样的好奇下诞生的。花样的排列方法不同，织物的密度会发生很大变化，所以最后的熨烫整理至关重要。由于是2根线合股编织的，所以织物紧密厚实，方便穿着。腰部虽然是松紧设计，如果想要更宽松一点，最后的双罗纹针可以少做一些减针。

用线 » Rich More Percent
编织方法 » p.72

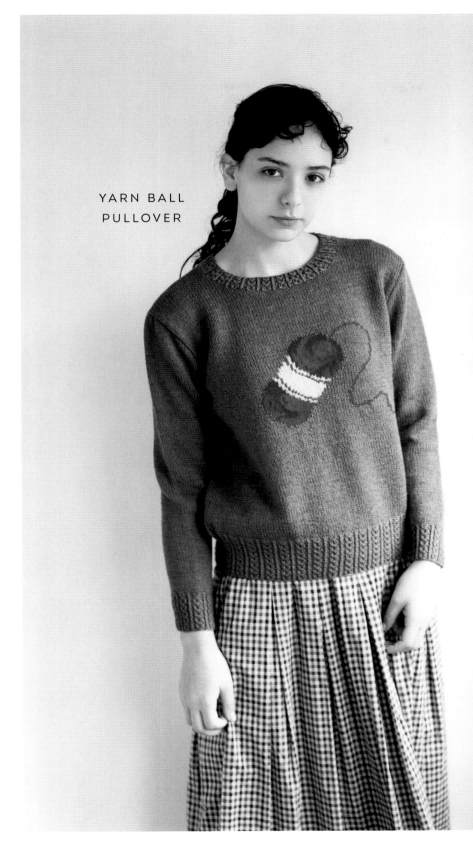

YARN BALL
PULLOVER

J

毛线球套头衫

在我的生活中不可或缺的毛线球一直是我想做配色编织的花样之一。如果用细线编织，针数与行数都会增加，编织起来就要花费更多时间，但却可以更加细腻地呈现花样。这个毛线球由"浅、中、深"3个层次的颜色构成，也可以尝试换成自己心仪的颜色，编织出自己喜欢的毛线球，一定别有乐趣。这款套头衫比较轻薄，可以穿上好几个季节。

用线 » Rich More Percent
编织方法 » p.70

POLAR BEAR PULLOVER

K

北极熊套头衫

北极熊给人的印象是高大又强壮，但是它小小的脑袋、长长的脖子和鼻子，比例协调，看上去憨态可掬，是我使用多次的配色编织花样。北极熊的表情是由眼睛和嘴部的刺绣效果决定的。眼睛部分的刺绣中，眼白越多，越显得可爱。只要将嘴角向上或向下调整1mm，就可以表现出微笑或者严肃的表情。多多尝试，找到自己最满意的表情吧。

用线 » 芭贝 Monarca、Julika Mohair
编织方法 » p.76

SNOWY MOUNTAIN
PULLOVER

L

雪山套头衫

雪山也是我一直想要尝试的配色编织花样之一。用浅色的渐变效果表现图案虽然很难，但是也让我再次感受到了配色编织的奇妙。如果只是单纯的"编织"，总感觉有些单调。所以，我在局部用同色线简单地绣上几针，立刻呈现出了立体感。在漂亮的柠檬黄色的映衬下，高高耸立的冬日雪山显得格外雄伟壮观。

用线 » 和麻纳卡 Amerry
编织方法 » p.82

亲子企鹅开衫

这款作品的图案是帝企鹅和软乎乎的企鹅宝宝。帝企鹅头部的单色调中点缀极少的一点橙色格外亮眼。背景的设计灵感来自南极的冰晶现象，在马海毛线中加入金银丝线做合股编织。虽是冷色调却依然给人温暖的感觉，这样的毛线真是太棒了！

用线 » 芭贝 Kid Mohair Fine、Julika Mohair、Miroir <Perle>、British Eroika、Pelage
编织方法 » p.79

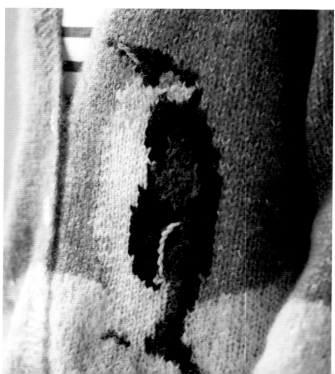

FOX PURSE

狐狸斜挎包

狐狸也是我很喜欢的图案。具有多面形象的动物可以用各种不同的方法呈现，充满乐趣。这次用斜挎包和围巾表现出了截然不同的狐狸形象。这只狐狸的形象曾经用在材料包的设计中，这次在原来的基础上将表情改得稍微温和了一点。

用线 » 芭贝 British Eroika、Pelage
编织方法 » p.84

狐狸围巾

这款小狐狸围巾太可爱了。为了给冬天的素雅装束增添一抹亮色，特意搭配了绚丽多彩的颜色。将纤细的马海毛线合股编织，与平常的马海毛织物相比，针目更显平整。缝合双腿的内侧时，将线拉得稍微紧一点，以使双腿略向内侧收拢。但是进行脸部的刺绣时，针脚不要拉得太紧，松松地留出一点空隙。

用线 » 芭贝 Kid Mohair Fine
编织方法 » p.87

FOX MUFFLER

滑针编织的条纹开衫

一边编织滑针，一边每隔几行换线编织，简单的花样也会因为不同的线材带来丰富的编织乐趣。织物比较厚实，也可以当作外套穿着。因为款式非常简单，所以最后的边缘编织就比较凸显，要注意均匀地挑针。略带怀旧气息的纽扣更适合这款毛衣。喜欢深色调的朋友，不妨参考p.29"拼布风桂花针披肩"中的配色。

用线 » DARUMA Merino（极粗）、Pom Pom Wool、Sprout、LOOP、Wool Mohair
编织方法 » p.90

SLIP STITCH JACKET

MOSS STITCH SHAWL

拼布风桂花针披肩

桂花针编织的织物两端平整不会卷曲，所以没有再加边缘，直接编织成了大号披肩。重要的是使用轻柔、亲肤的线材编织。平整的长方形图案总感觉少了点什么，于是使用了粗细不同的线材编织，使纵向线条呈现出参差交错的灵动感。轻轻地披在肩上，或者一圈一圈围到耳边，请根据季节变化享受随意佩戴的乐趣吧。

用线 » DARUMA Pom Pom Wool、Sprout、LOOP、Wool Mohair
编织方法 » p.86

R

小花圆育克套头衫

这是一款从领口往下编织的毛衣，只要顺着图案编织，几乎不用缝合就可以完成，让人有一种"赚到了"的感觉。因为花样是倒着编织的，第一次编织的朋友可能会感到有点混乱。可以每隔1个花样放入1个记号扣做区分，这样就不容易弄错了。需要特别注意的是，腋下和袖下的花样略有不同。

用线 » Rich More Percent
编织方法 » p.100

FLOWER PATTERN PULLOVER

FLOWER PATTERN HAND WARMER

S

小花露指手套

这双露指手套用2种颜色各1团线就可以编织完成。由于是横向渡线的配色编织，所以十分暖和。与p.30"小花圆育克套头衫"一样，所用线材的颜色非常丰富，我更希望看到大家用自己喜欢的颜色尝试各种不同的配色方案。

用线 » Rich More Percent
编织方法 » p.97

创作空间小分享

客厅的旁边就是我的工作室。不过，客厅更加明亮，有充足的自然光线，所以我经常坐在客厅的沙发上编织。图中的棒针是很久以前开始一直用到现在的Clover牌棒针。对于使用的棒针，我并不在意是塑料针还是竹质针。

工作室有一面墙是固定的书架。过去的编织图都整理成了文件夹进行管理。创作中需要查找资料时，图鉴和相册会很方便。

经常用到的编织针和彩色铅笔等工具都一股脑儿竖着插在顺手就能拿到的地方，随用随取。小动物造型的棒针帽是从海外带回来的纪念品，既有趣又让人内心平静。

将书中刊登作品的设计画稿整理成一览表贴在墙上，再将使用的毛线粘在边上，以便确认颜色的搭配情况。也会直接用于编织的进度管理。

东海绘里香独创的配色花样设计方法

这是我首次公开配色花样的设计方法。
先从绘制画稿开始，然后整理到方格纸上，
将图案转化为一针一针的编织针目。

STEP 1

首先是绘制画稿。刚开始的画稿大小以
方便绘制为宜。然后慢慢调整线条和形
状，再试着涂上颜色。

STEP 2

誊清画稿，一边考虑作品整体的设
计，一边将画稿进行放大或缩小。
涂上不同的颜色使图案更具立体
感，进而确定线材的配色。

STEP 3

用方格纸制作几乎实物大小的纸型，将图案画到纸
型上。有时一针的差异就会影响最后的效果，所以
这个步骤是最为费神的。可以将纸型放在身上比对，
照着镜子反复进行微调。

T

花朵和蘑菇开衫

想编织出主色自然过渡的图案，于是便有了这款设计。花朵
和蘑菇都是非常可爱的图案，所以背景颜色选得比较低调雅
致。横跨前门襟的花茎在刺绣时注意不要错位。这款设计曾经
在《毛线球》上刊登过，这次将套头衫改织成了开衫，主色和
图案的搭配也给人耳目一新的感觉。

用线 » 芭贝 Soft Donegal、British Eroika、Julika Mohair
编织方法 » p.52
*配色花样的重点教程 » p.46

FLOWER & MUSHROOM
CARDIGAN

U

复古风阿兰毛衣

总是想着有一天要尝试一下多色编织的交叉花样。下摆和袖口的罗纹针是在不规则的基础上加入了配色。开始交叉花样后，同时运用了纵向渡线和横向渡线两种编织技法，但在编织过程中需要随时确认编织图。在肩部的接合和衣领罗纹针的编织方法等处理上，以配色优先为原则，这一点与一般的方法不同，需要特别注意。中心的蜂巢花样针目容易缩拢，编织时要稍加留意。

用线 》 Rich More Spectre Modem
编织方法 》 p.61
*配色花样的重点教程 》 p.47

RETRO POP ARAN SWEATER

复古风阿兰帽子

多色编织的交叉花样与p.36 "复古风阿兰毛衣" 一样,只是将主色改成黑色编织成了这款帽子。帽口的罗纹针为环形编织,从中途改为往返编织,所以配色线要比平常更容易纠缠在一起。罗纹针部分不做环形编织也没关系,但要一开始就进行往返编织。如果这样的话,起针时就需要加上2针作为缝份。

用线 » Rich More Spectre Modem
编织方法 » p.60

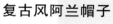

RABBIT VEST

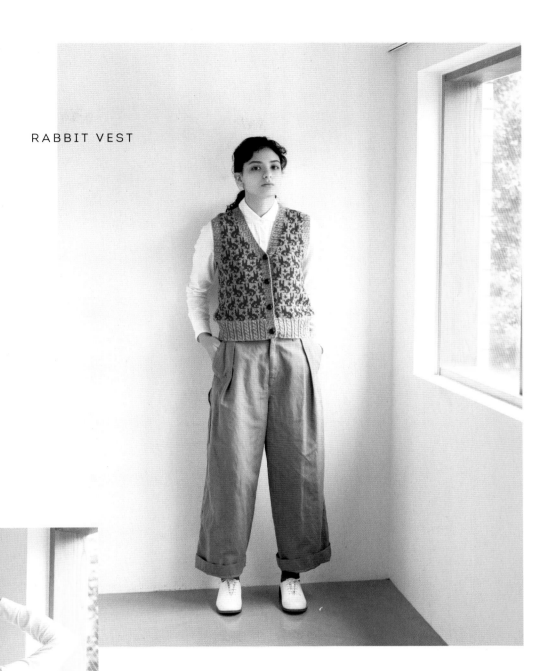

W

小兔子背心

这是一款由许多小兔子组成的配色花样背心。紧致的版型，加上宽边罗纹针的设计，透着一股怀旧气息。小巧的尺寸也很方便与其他服装搭配套穿。由于花样罗纹针的弹性比较小，做伏针收针时要将线拉得紧一点。

用线 » 芭贝 Shetland
编织方法 » p.94
*配色花样的重点教程 » p.44

SHEEP PULLOVER

X

绵羊套头衫

这款图案的设计灵感来自线材本身。仿皮草线也有很多种，这种圆鼓鼓的仿皮草线极像绵羊毛。这是一件十分宽松的套头衫，加上大面积使用了配色编织，所以选择了比较明亮的主色，以免看上去太过厚重。

用线 » 芭贝 Soft Donegal、British Eroika、Primitivo、Julika Mohair
编织方法 » p.92

POINT LESSON 配色花样的重点教程

横向渡线的配色花样

p.41的作品

一边横向换线一边编织的配色花样。
还有东海老师独创的编织技巧，请一定动手试试。

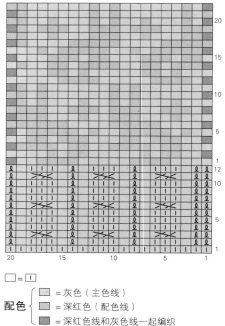

□ = I

配色 { = 灰色（主色线）
= 深红色（配色线）
= 深红色线和灰色线一起编织

1

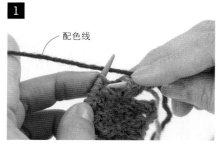

配色线

配色花样的第1行，用主色线编织4针下针后，换成配色线编织。用右手指压住线头以免脱落。

2

主色线

用配色线编织4针后，从上往下看到的织物状态。从配色线的下方拉过主色线，用主色线编织后面的5针。

3

配色线　主色线

用主色线编织5针后，从上往下看到的织物状态。从主色线的上方拉过配色线，用配色线编织后面的4针。

4

最后一针将主色线和配色线一起编织。将2根线挂在针头拉出，注意不要太松。

5

最后一针完成。

6

这是从反面看到的织物状态。注意渡线不要拉得太紧。请按"主色线在下、配色线在上"的要领渡线编织。

7

第2行看着织物的反面编织上针。第1针在前一行用2根线编织的针目里插入右棒针，用主色线编织。

8

用主色线编织4针后，从主色线的上方拉过配色线，用配色线编织下一针。

9

从配色线的下方拉过主色线，用主色线编织下一针。

10

最后一针将主色线和配色线2根线一起编织。看着反面编织时，也按"主色线在下、配色线在上"的要领渡线编织。

挑起渡线一起编织

渡线过长的话，有时会被钩住。为了避免这个问题，渡线超过6针的地方，可以在下一行挑起渡线一起编织加以固定。

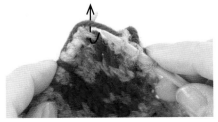

11

编织10行后的状态。在主色线编织6针的地方，配色线的渡线就比较长。

12

编织第11行。在前一行的长渡线中间位置，用右棒针挑起渡线。

13

渡线挂在左棒针上，然后右棒针插入下一针和渡线这2根线里一起编织。

14

渡线就被固定住了。

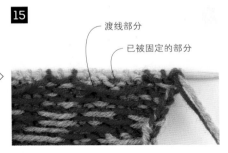

15

渡线部分

已被固定的部分

从反面可以看出，前一行的渡线已经固定在针目上。现在编织的第11行也有6针渡线的地方，需要在下一行挑起渡线一起编织。

纵向渡线的配色花样

p.34的作品

这是编织大花样时使用的技法。
也叫作"嵌花编织"（Intarsia）。

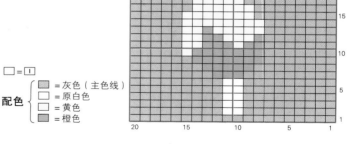

配色 { = 灰色（主色线）
{ = 原白色
{ = 黄色
{ = 橙色

□ = □

第2行编织至换色的前一针，将主色线放置一边暂停编织，用配色线编织2针。

接下来用另一根新的主色线编织，从准备好的线团里抽出新主色线编织。注意压住线头以免脱落。

第2行完成。准备线团时，可以将线绕在手指或缠线板上。

第3行换色时，如图所示将刚才编织的线与接下来要编织的线交叉后再继续编织。

像这样在换色位置交叉编织线进行纵向渡线编织的方法叫作"纵向渡线的配色编织"。

第11行的第10针，黄色的配色线在前一行编织1针后就暂停编织了，接下来编织的针数在5针以下时，就可以像这样将线拉至下一行，在颜色交界处交叉一下再继续编织。

同一种颜色间隔很近时，也可以像这样在局部做横向渡线的配色编织。

与主色线的交界处，交叉编织线后做纵向渡线的配色编织。

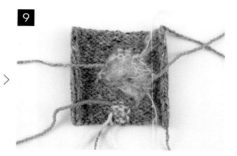

这是织物反面的状态。

为了使配色交界处在正面看上去不会太松散，
关键是交叉渡线时线要拉得紧一点。

配色阿兰花样

p.36的作品

由阿兰花样和配色花样组合而成，是非常值得一试的编织技法。
编织时，请注意渡线的方法。

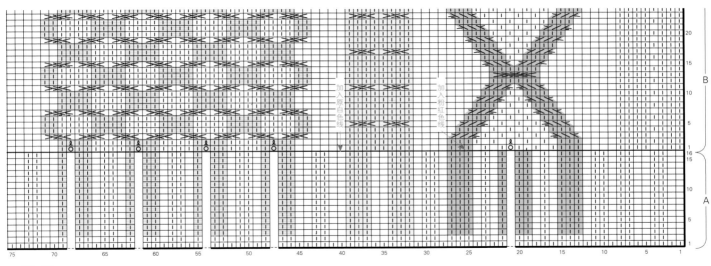

□ = □

配色
- □ = 原白色（主色线）
- □ = 橙色
- □ = 浅蓝色
- ■ = 粉红色

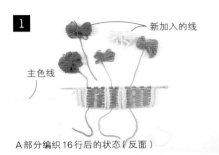

新加入的线

主色线

A部分编织16行后的状态（反面）

编织A部分时，原白色的主色线做横向渡线编织。配色线分2种情况，相同颜色的做横向渡线编织，不同颜色的交界处做纵向渡线编织。从B部分开始，根据花样加入新线编织。

从第3行开始加入交叉花样。将粉红色配色线的3针移至麻花针上，暂时放在织物的前面。将粉红色线放在下方，用原白色线编织1针上针。

将粉红色线和原白色线交叉一下，用粉红色线在麻花针上的3针里编织下针。

从粉红色线的下方拉过原白色线，用原白色线编织上针。

注意反面的原白色渡线不要拉得太紧。

中间的8针编织桂花针，接着编织下一个交叉针。将原白色线的1针移至麻花针上，暂时放在织物的后面。用新的粉红色线编织3针下针。

用原白色线在麻花针上的针目里编织1针上针。

如图所示，只有麻花部分呈配色状态。

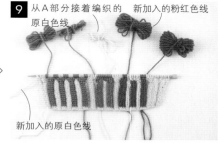

从A部分接着编织的 新加入的粉红色线
原白色线

新加入的原白色线

第3行完成后的状态。如图所示，以浅蓝色线的交叉花样为界，原白色线分成左右两边编织。

第12~14行2根粉红色线交叉的地方，用其中1根粉红色线编织。暂停编织的那根粉红色线等到编织第15行时，再如图所示渡线后继续编织。

通过对纵向渡线、横向渡线的配色花样和交叉花样的组合运用，更加突显了织物的麻花部分。

这是反面的状态。纵向渡线部分要将线拉得紧一点，以免交界处太松。但是，横向渡线部分不要将线拉得太紧。

13 领窝的伏针收针

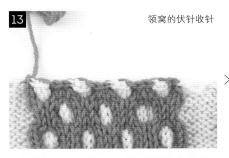

在领窝部位，一边用前一行相同的颜色编织一边做伏针收针。

14 接合肩部

配色编织至斜肩的消行位置，暂时保留编织线不要剪断。前身片也按相同要领编织。

15

肩部做引拔接合。配色线位置使用相同颜色的线（即休针的配色线）引拔。

16

将原白色线横向拉过来，在下一部分接着做引拔接合。

17

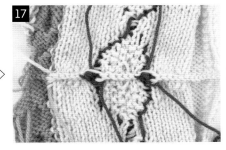

引拔接合完成。

18 领窝的挑针

由于衣领部分也有配色花样，所以要进行往返编织。先用原白色线挑针至中间部分。

19

用橙色线从橙色针目里挑针。

20

一边配色一边挑取到指定的针数，使身片的颜色呈连续状态。

21

领窝的挑针完成。原白色部分用1团线做横向渡线编织，橙色部分在前、后身片各准备1团线。配色的交界处按纵向渡线的要领编织。

YARN

本书使用线材（实物大小）

【芭贝】

1. Kid Mohair Fine… 马 海 毛79%（顶级幼马海毛）、锦纶21%，每团25g/约225m，极细，全28色

2. Shetland…羊毛100%（100%英国羊毛），每团40g/约90m，中粗，全35色

3. Soft Donegal…羊毛100%，每团40g/约75m，中粗，全8色

4. British Eroika…羊毛100%（50%以上英国羊毛），每团50g/约83m，极粗，全35色

5. British Fine…羊毛100%，每团25g/约116m，中细，全35色

6. Primitivo…羊毛50%（超细美利奴羊毛）、马海毛40%（顶级幼马海毛）、锦纶10%，每团25g/约32m，中粗，全6色

7. Pelage…羊驼绒63%（幼羊驼绒）、锦纶26%、羊毛11%，每团50g/约88m，极粗，全8色

8. Miroir <Perle>…涤纶50%、人造丝50%，每团20g/约230m，超极细，全7色

9. Monarca… 羊 驼 绒70%、 羊 毛30%，每团50g/约89m，极粗，全10色

10. Julika Mohair…马海毛86%（100%顶级幼马海毛）、羊毛8%（100%超细美利奴羊毛）、锦纶6%，每团40g/约102m，中粗，全12色

【DARUMA】

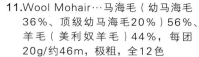

11. Wool Mohair…马海毛（幼马海毛36%、顶级幼马海毛20%）56%、羊毛（美利奴羊毛）44%，每团20g/约46m，极粗，全12色

12. Sprout…羊毛74%、棉15%、涤纶11%，每团40g/约53m，极粗，全5色

13. Soft Tam…腈纶54%、锦纶31%、羊毛15%，每团30g/约58m，极粗，全15色

14. Fake Fur…腈纶95%、涤纶5%，每团约15m，超极粗，全5色

15. Pom Pom Wool…羊毛99%、涤纶1%，每团30g/约42m，极粗，全11色

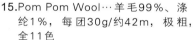

16. Merino（极粗）…羊毛（美利奴羊毛）100%，每团40g/约65m，极粗，全12色

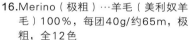

17. LOOP…羊毛83%、羊驼绒（幼羊驼绒）17%，每团30g/约43m，超极粗，全7色

【和麻纳卡】

18. Amerry…羊毛（新西兰美利奴羊毛）70%、腈纶30%，每团40g/约110m，中粗，全53色

19. Exceed WoolL（中粗）…羊毛100%（超细美利奴羊毛），每团40g/约80m，中粗，全37色

20. Merino Wool Fur…羊毛（美利奴羊毛）95%、锦纶5%，每团50g/约78m，极粗，全8色

【Rich More】

21. Spectre Modem…羊毛100%，每团40g/约80m，极粗，全50色

22. Percent…羊毛100%，每团40g/约120m，粗，全100色

HOW TO KNIT

作品的编织方法

* 编织的基础方法请参照p.103基础编织技法。

* 图中的数字单位均为厘米（cm）。

* 线材的使用量在作品制作时仅供参考。编织时的松紧度不同，所需线量可能
  会发生很大变化。如果不放心，建议多准备一些。

* 作品的尺寸可能因为编织时的松紧度发生变化。如果想要编织出相同的尺寸，
  请根据标注的密度更换针号进行调整。（当针数与行数多于指定密度时，请
  加大针号；当针数与行数少于指定密度时，请减小针号）

* 使用的线材和色号可能会在没有预告的情况下停产，敬请谅解。使用别的线
  材编织时，请参照p.50的线材介绍，准备比较接近的线材。

* 用于缝纽扣和亮片的线，以及缝制布料的线未标注在材料中。请根据具体素
  材适当准备一些颜色不太显眼的手缝线。

●**材料** » 芭贝 Soft Donegal、British Eroika、Julika Mohair（使用量请参照一览表），直径2cm的纽扣 5颗，直径6mm的龟甲形亮片 金色 24片
●**成品尺寸** » 胸围106cm，衣长60.5cm，连肩袖长73cm
●**工具** » 棒针9号、7号
●**密度** » 10cm×10cm面积内：配色花样16针，22行

●**编织方法**

后身片、前身片、袖子均为手指挂线起针后开始编织，按单罗纹针和纵向渡线的配色花样编织。肩部做引拔接合。衣领挑针后编织单罗纹针，结束时一边编织单罗纹针一边做伏针收针。前门襟的编织要领与衣领相同。在后身片、前身片、袖子上做刺绣。袖子与身片做针与行的缝合。胁部、袖下做挑针缝合。

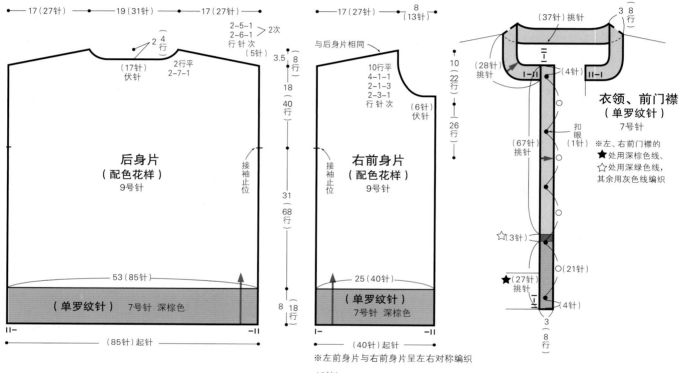

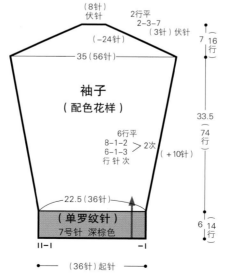

衣领、前门襟
（单罗纹针）
7号针

※左、右前门襟的
★处用深棕色线、
☆处用深绿色线，
其余用灰色线编织

后身片
（配色花样）
9号针

右前身片
（配色花样）
9号针

※左前身片与右前身片呈左右对称编织

袖子
（配色花样）

线的使用量一览表

Soft Donegal	
灰色（5221）	260g
深棕色（5210）	100g
British Eroika	
蓝绿色（184）	20g
深绿色（209）	15g
藏青色（101）	10g
酒红色（168）	10g
灰粉色（180）	10g
原白色（134）	10g
橙色（186）	少量
粉红色（189）	少量
Julika Mohair	
红色（307）	10g
蓝色（304）	少量
黄色（306）	少量

法式结粒绣

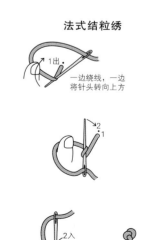

一边绕线，一边
将针头转向上方

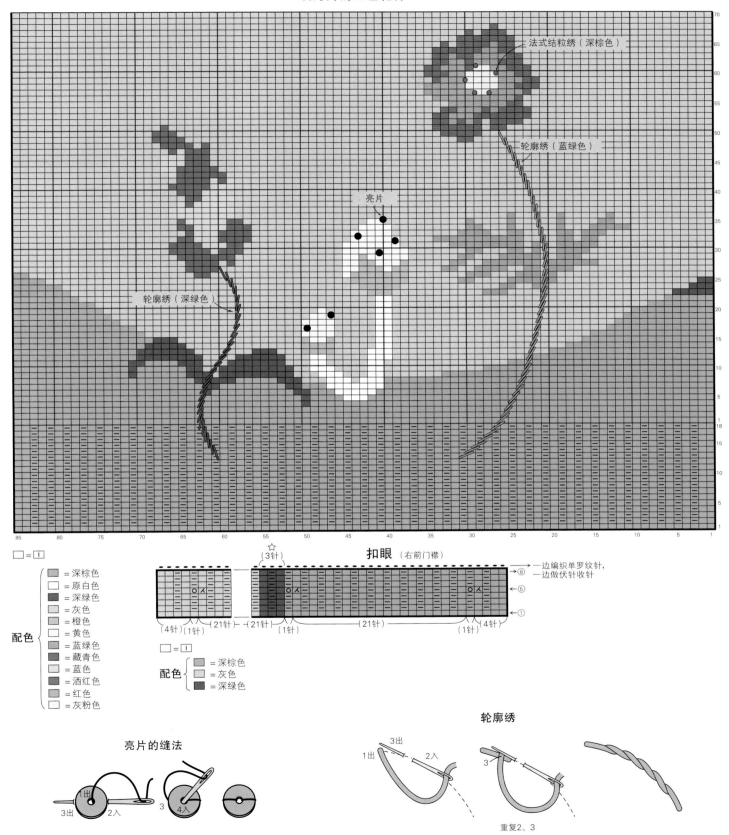

后身片的配色花样

法式结粒绣（深棕色）

轮廓绣（蓝绿色）

亮片

轮廓绣（深绿色）

扣眼（右前门襟）

—边编织单罗纹针，
—边做伏针收针

☆（3针）

（4针）（1针）（21针）（21针）（1针）（21针）（1针）（4针）

□ = ｜

配色
- ＝深棕色
- ＝原白色
- ＝深绿色
- ＝灰色
- ＝橙色
- ＝黄色
- ＝蓝绿色
- ＝藏青色
- ＝蓝色
- ＝酒红色
- ＝红色
- ＝灰粉色

□ = ｜

配色
- ＝深棕色
- ＝灰色
- ＝深绿色

亮片的缝法

1出
3出
2入
3
4入

轮廓绣

3出
1出
2入
3
重复2、3

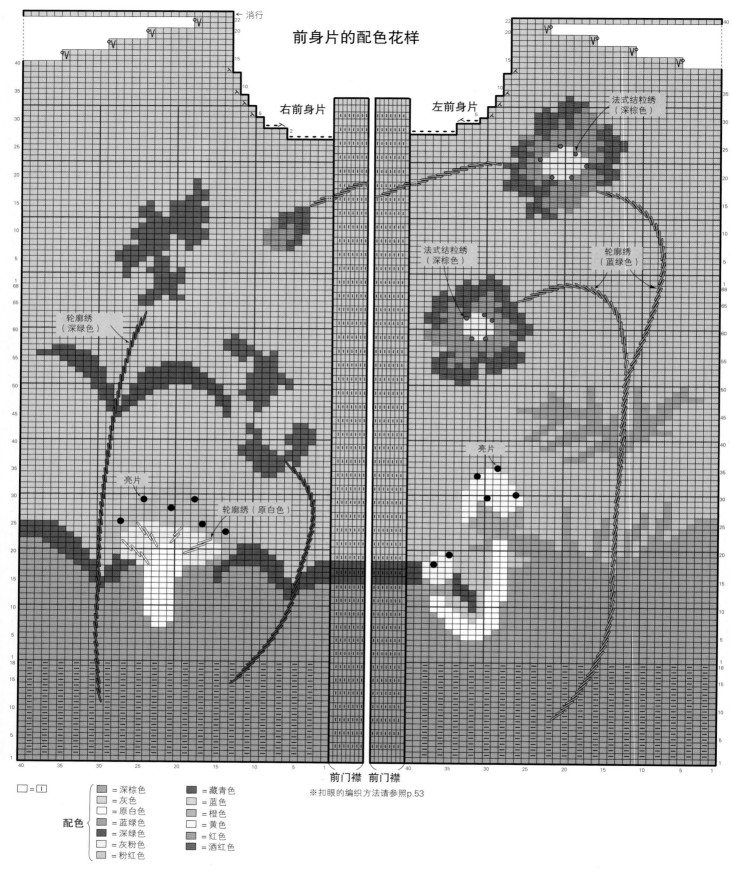

前身片的配色花样

右前身片　　左前身片

消行

轮廓绣
（深绿色）

亮片

轮廓绣（原白色）

法式结粒绣
（深棕色）

法式结粒绣
（深棕色）

轮廓绣
（蓝绿色）

亮片

前门襟　前门襟

※扣眼的编织方法请参照p.53

□＝□

配色

＝深棕色
＝灰色
＝原白色
＝蓝绿色
＝深绿色
＝灰粉色
＝粉红色

＝藏青色
＝蓝色
＝橙色
＝黄色
＝红色
＝酒红色

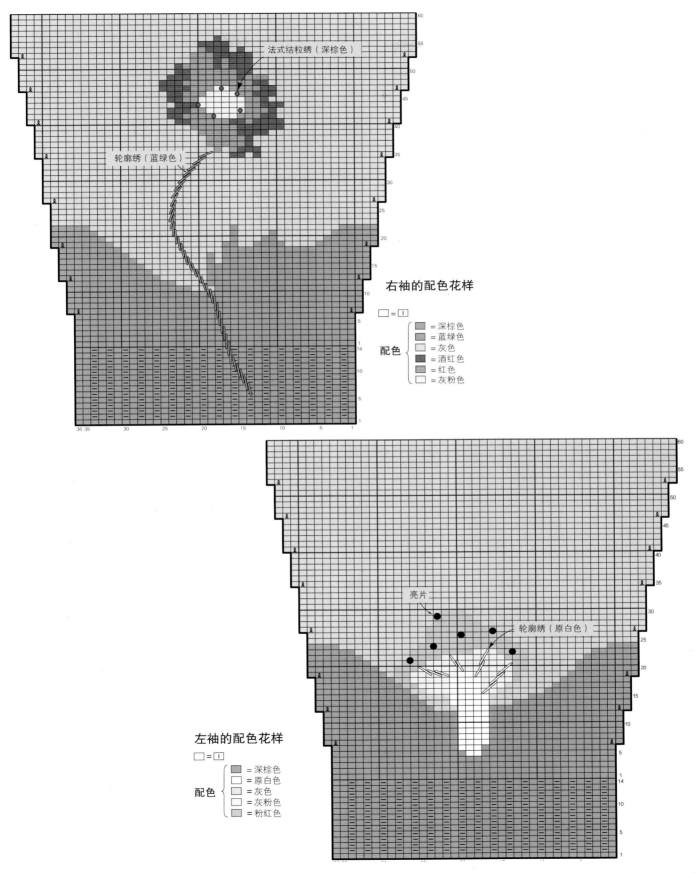

法式结粒绣（深棕色）

轮廓绣（蓝绿色）

右袖的配色花样

□ = 1

配色

= 深棕色
= 蓝绿色
= 灰色
= 酒红色
= 红色
= 灰粉色

亮片

轮廓绣（原白色）

左袖的配色花样

□ = 1

配色

= 深棕色
= 原白色
= 灰色
= 灰粉色
= 粉红色

●**材料** » 芭贝 British Eroika、Julika Mohair、Miroir <Perle>（使用量请参照一览表），直径6mm的龟甲形亮片 金色 82片

●**成品尺寸** » 胸围100cm，肩宽40cm，衣长56cm，袖长53cm

●**工具** » 棒针9号、7号

●**密度** » 10cm×10cm面积内：配色花样16针，22行

●编织方法
后身片、前身片、袖子均为手指挂线起针后开始编织，按编织花样和纵向渡线的配色花样编织。在后身片、前身片、袖子上做刺绣。肩部做引拔接合，胁部、袖下做挑针缝合。衣领挑针后按编织花样环形编织，结束时一边编织花样一边松松地做伏针收针。袖子与身片做引拔缝合。

线的使用量一览表

British Eroika	
黑色（205）	415g
蓝色（207）	15g
米色（143）	10g
紫色（183）	10g
柠檬黄色（206）	10g
红茶色（201）	10g
粉红色（189）	10g
绿色（197）	5g
橙色（186）	5g
Julika Mohair	
灰紫色（311）	15g
Miroir <Perle>	
金色（402）	少量

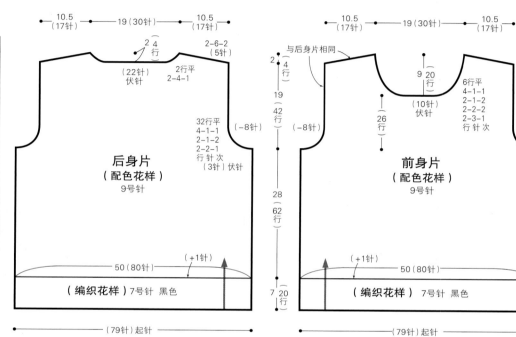

后身片
（配色花样）
9号针

前身片
（配色花样）
9号针

（编织花样）7号针 黑色

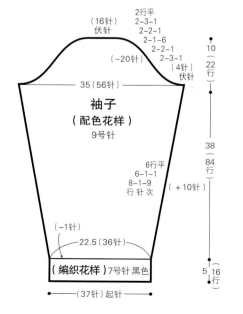

袖子
（配色花样）
9号针

（编织花样）7号针 黑色

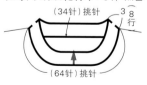

衣领（编织花样）7号针 黑色

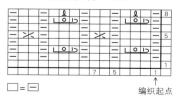

编织花样（衣领）

编织起点

流苏的系法

将2根50cm长的金色线对折，系在指定位置作流苏

穿线平针绣

①先做平针绣
②在①的针脚中上下交替着穿线，将线的形状调整成圆弧形
③按②相同要领刺绣

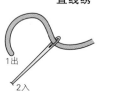

直线绣

1出
2入

轮廓绣、亮片的缝法请参照p.53

后身片的配色花样

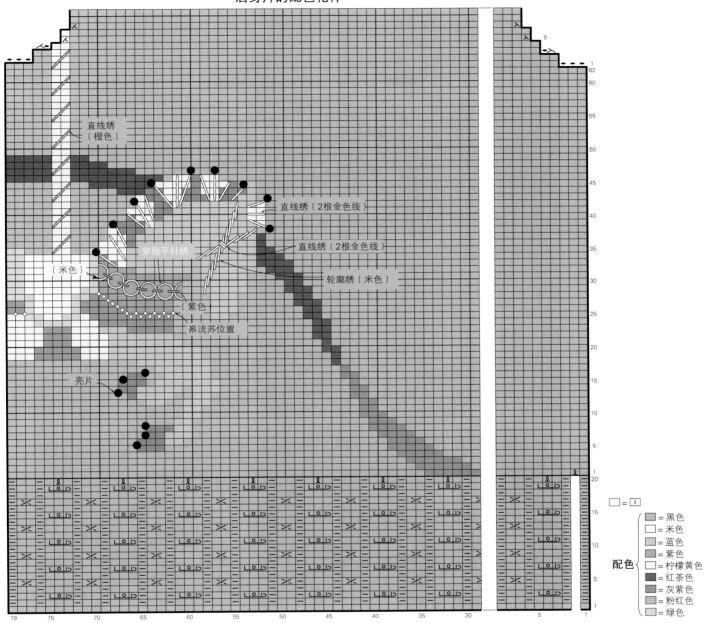

直线绣（橙色）

直线绣（2根金色线）

直线绣（2根金色线）

穿线平针绣

（米色）

轮廓绣（米色）

紫色

系流苏位置

亮片

□ = 凵

配色
- = 黑色
- = 米色
- = 蓝色
- = 紫色
- = 柠檬黄色
- = 红茶色
- = 灰紫色
- = 粉红色
- = 绿色

左上1针交叉

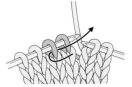

1 如箭头所示,在左边的针目里插入右棒针。

2 编织下针。

3 接着在右边的针目里编织下针。

4 拉出线后,从左棒针上取下这2针。

5 左上1针交叉完成。

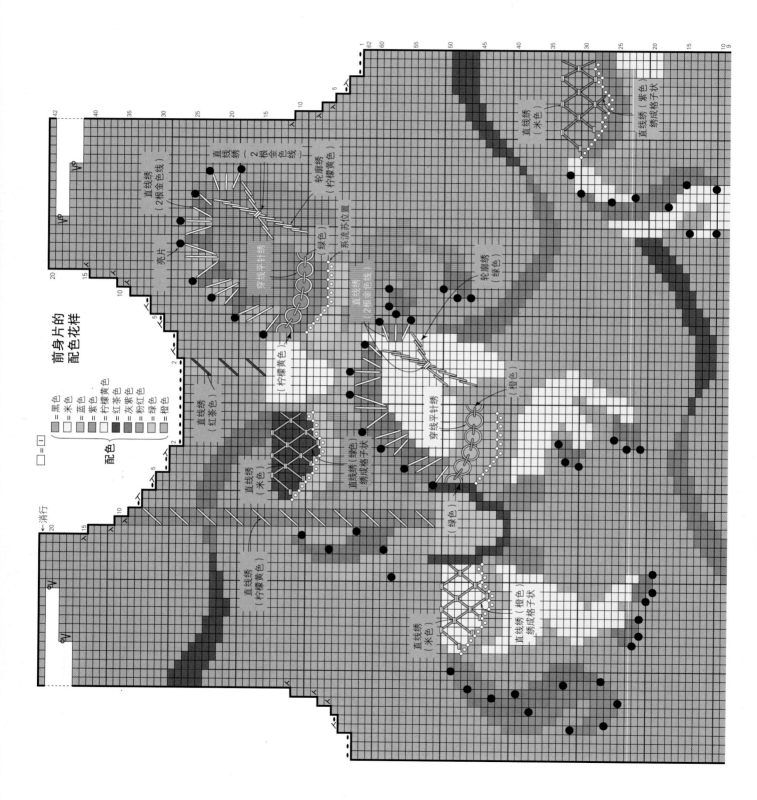

前身片的
配色花样

□=□

配色
■=黑色
□=米色
■=蓝色
■=紫色
□=柠檬黄色
■=红茶色
■=灰茶色
■=粉红色
■=绿色
■=橙色

直线绣
(2根金色线)

直线绣
（2根金色线）

亮片

轮廓绣
（柠檬黄色）

系流苏位置

轮廓绣
（绿色）

穿线平针绣

直线绣
（米色）

直线绣（紫色）
绣成格子状

（绿色）

直线绣
（红茶色）

直线绣
（米色）

直线绣（绿色）
绣成格子状

（柠檬黄色）

穿线平针绣

直线绣
(2根金色线)

（橙色）

直线绣
（柠檬黄色）

（绿色）

直线绣
（米色）

直线绣（橙色）
绣成格子状

消行

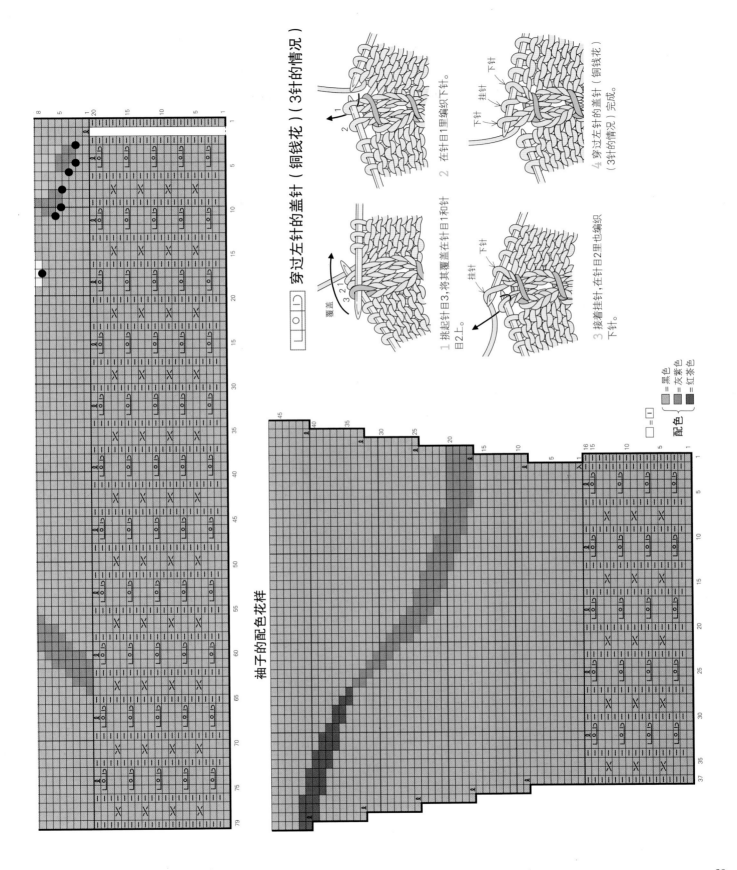

穿过左针的盖针（铜线花）（3针的情况）

□○□□ 穿过左针的盖针（铜线花）（3针的情况）

1 挑起针目3,将其覆盖在针目1和针目2上。

2 在针目1里编织下针。

3 接着挂铜,在针目2里也编织下针。

4 穿过左针的盖针（铜线花）完成。（3针的情况）

袖子的配色花样

□ = 1

配色 {
= 黑色
= 灰紫色
= 红紫色
}

● **材料** » Rich More
Spectre Modem 黑色
（46）85g，米色（2）、
土黄色（12）各10g，
炭灰色（56）5g，蓝绿

色（37）、紫色（20）各少量
● **成品尺寸** » 头围52cm
● **工具** » 棒针8号
● **密度** » 10cm×10cm面积内：编织
花样23针，27行

● **编织方法**

手指挂线起针后开始编织。单罗纹针部
分做环形编织，接下来的编织花样做往
返编织。加入配色线，根据花样组合运
用纵向渡线和横向渡线编织配色花样和
交叉花样。最后10行的主色线全部做
横向渡线编织。侧边做挑针缝合后，在
帽顶剩余的30针里穿入线头收紧。再
制作一个直径8cm的小绒球，缝在帽
顶。

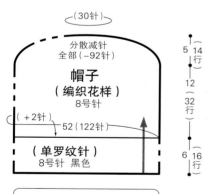

（30针）
分散减针
全部（-92针）

帽子
（编织花样）
8号针

（+2针）
52（122针）

（单罗纹针）
8号针 黑色

（120针）起针

5｜14行
12
（32行）
6｜16行

组合方法

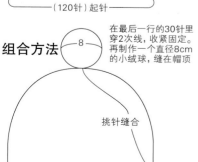

在最后一行的30针里
穿2次线，收紧固定。
再制作一个直径8cm
的小绒球，缝在帽顶

挑针缝合

帽子的编织方法

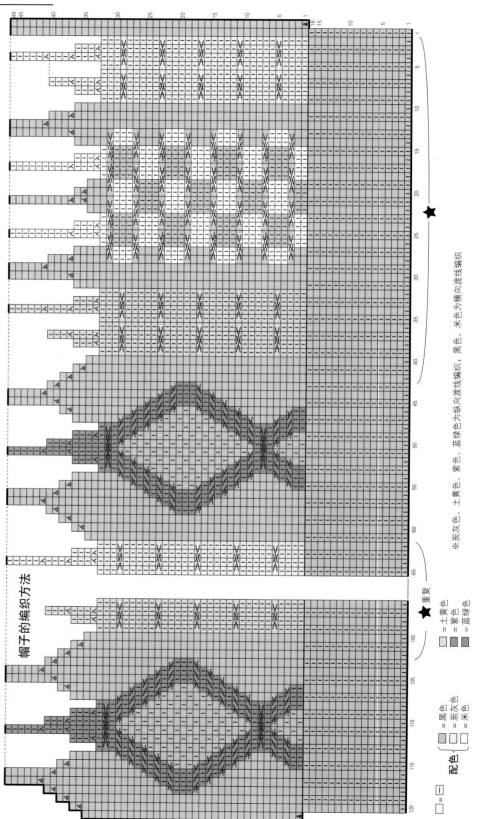

炭灰色、土黄色、紫色、蓝绿色为纵向渡线编织，黑色、米色为横向渡线编织

★ 重复

＝土黄色
＝紫色
＝蓝绿色

配色 {
＝黑色
＝炭灰色
＝米色

U 复古风阿兰毛衣

p.36

- ●**材料** » Rich More Spectre Modem 原白色（3）365g，橙色（27）60g，粉红色（18）、紫色（20）各45g，黄绿色（13）、浅蓝色（14）各35g
- ●**成品尺寸** » 胸围102cm，衣长55cm，连肩袖长73.5cm
- ●**工具** » 棒针8号、6号
- ●**密度** » 10cm×10cm面积内：编织花样B、C均为23.5针，25行

●编织方法

后身片、前身片、袖子均为手指挂线起针后开始编织。编织花样A在指定位置做纵向渡线的配色编织。编织花样B加入新的配色线，根据花样组合运用纵向渡线和横向渡线编织配色花样和交叉花样。斜肩部分一边配色一边编织至消行位置，结束时将配色线的线头稍微留长一点。肩部用前面编织的颜色做引拔接合（参照p.47~49）。衣领如图所示，从右肩开始结合花样挑针，按配色做双罗纹针编织。编织结束时，一边用原白色线编织双罗纹针一边做伏针收针。袖子与身片做针与行的缝合。胁部、袖下、衣领侧边做挑针缝合。

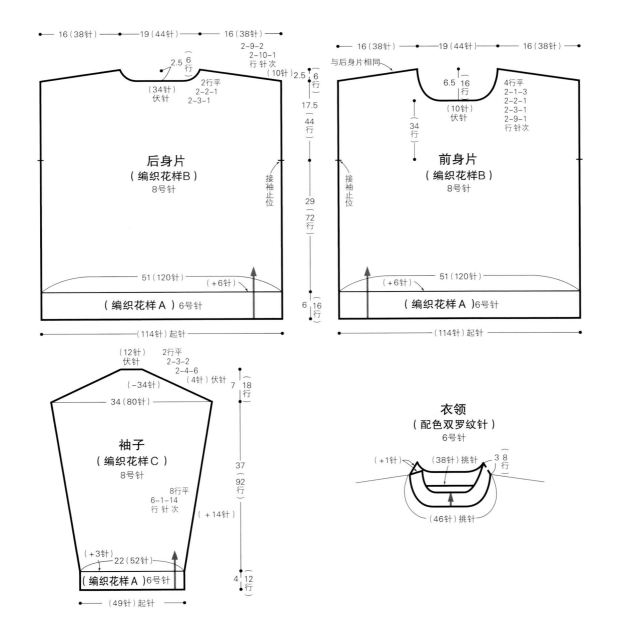

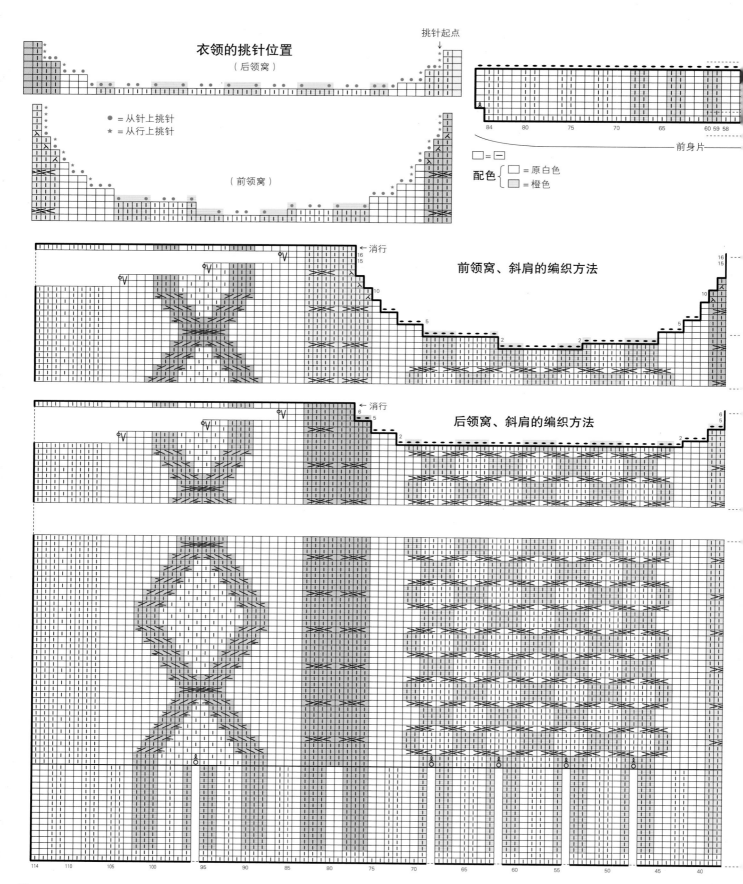

衣领的挑针位置
（后领窝）

挑针起点

● ＝从针上挑针
★ ＝从行上挑针

（前领窝）

前身片

□ ＝ —

配色 { □ ＝原白色
　　　 ▨ ＝橙色

前领窝、斜肩的编织方法

后领窝、斜肩的编织方法

衣领的编织方法

用原白色线一边
编织双罗纹针，
一边做伏针收针

59 58　55　50　45　40　35　30　25　20　15　10　5　1

后身片

编织花样B
24行1个花样
编织花样A

35　30　25　20　15　10　5　1

右上3针交叉

1 将右边的3针移至麻花针上并放在织物的前面，依次在针目4~6里编织下针。

2 依次在麻花针上的3针里编织下针。

3 右上3针交叉完成。

右上2针交叉

1 将右边的2针移至麻花针上并放在织物的前面。

2 在针目3、4里编织下针。

3 在麻花针上的针目1里编织下针。

4 在针目2里也编织下针。

5 右上2针交叉完成。

左上2针交叉

1 将右边的2针移至麻花针上并上放在织物的后面。

2 在针目3里编织下针。

3 在针目4里也编织下针。

4 在麻花针上的针目1、2里编织下针。

5 左上2针交叉完成。

※前身片呈左右对称配色

□ = □

配色
　□ = 原白色
　□ = 紫色
　□ = 黄绿色
　□ = 橙色
　□ = 浅蓝色
　□ = 粉红色

编织花样C（右袖）

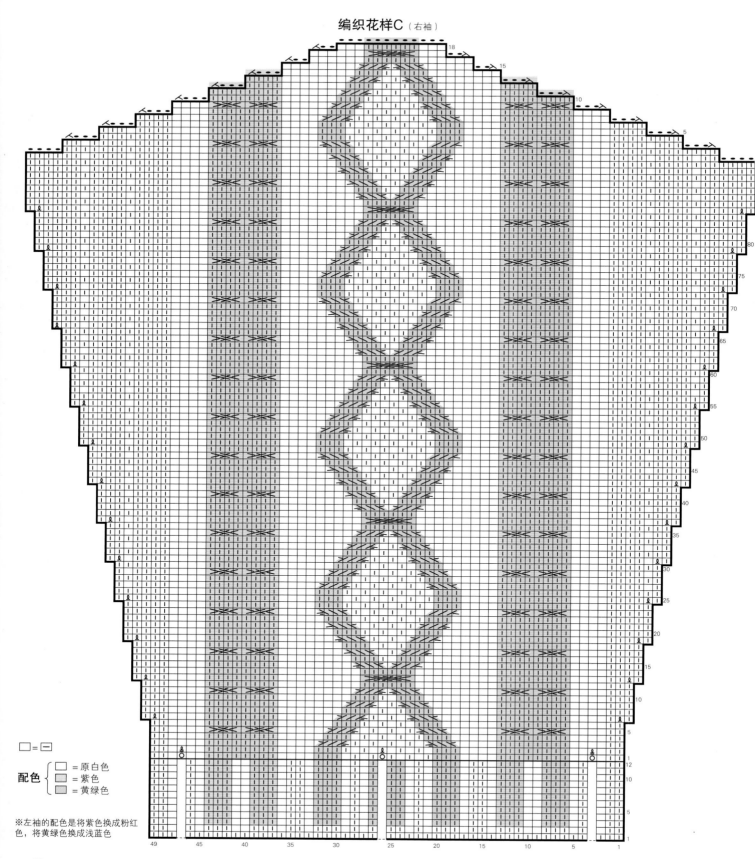

□ = ⊡

配色 { □ = 原白色
       ▨ = 紫色
       ▨ = 黄绿色

※左袖的配色是将紫色换成粉红色，将黄绿色换成浅蓝色

64

●**材料** » 芭贝 Julika Mohair 红色（307）260g，British Eroika 原白色（134）、深棕色（161）各少量，Miroir <Perle> 金色（402）少量
●**成品尺寸** » 胸围102cm，肩宽44cm，衣长55cm，袖长54cm
●**工具** » 棒针9号、7号
●**密度** » 10cm×10cm面积内：下针编织15针，20行

●编织方法
后身片、前身片、袖子均为手指挂线起针后开始编织单罗纹针。在前身片和右袖的指定位置按纵向渡线的配色花样编织小刺猬图案。在前身片和右袖做刺绣。肩部做引拔接合。胁部、袖下做挑针缝合。衣领挑针后环形编织单罗纹针，结束时一边编织单罗纹针一边做伏针收针。袖子与身片做引拔缝合。

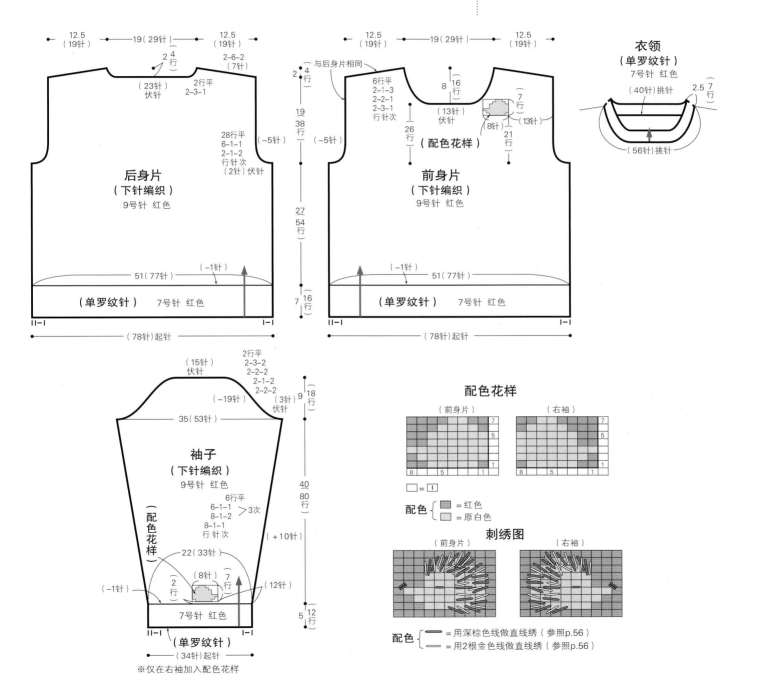

衣领
（单罗纹针）
7号针 红色

配色花样
（前身片）　　（右袖）

□ = ☐

配色 { = 红色
　　　 = 原白色

刺绣图
（前身片）　　（右袖）

配色 { = 用深棕色线做直线绣（参照p.56）
　　　 = 用2根金色线做直线绣（参照p.56）

※仅在右袖加入配色花样

A 美国短毛猫套头衫

p.6

● **材料** » 芭贝 British Eroika、Pelage（使用量请参照一览表），直径6mm的龟甲形亮片 灰色 61片

● **成品尺寸** » 胸围110cm，衣长62.5cm，连肩袖长78.5cm

● **工具** » 棒针9号、7号

● **密度** » 10cm×10cm面积内：下针编织、配色花样均为16针，22行

● **编织方法**

后身片、前身片均为另线锁针起针后开始编织，并在指定位置编织纵向渡线的配色花样。由于仿皮草线比其他线都粗一点，所以编织得稍微紧一点。先用毛线做刺绣，再缝上亮片。下摆解开起针时的锁针挑针后按编织花样编织，结束时一边编织扭针的单罗纹针一边做伏针收针。袖子另线锁针起针后开始做下针编织。袖口解开起针时的锁针挑针后编织扭针的单罗纹针，结束时一边编织扭针的单罗纹针一边做伏针收针。插肩线、胁部、袖下做挑针缝合，腋下做下针无缝缝合。衣领挑针后环形编织扭针的单罗纹针，结束时一边编织扭针的单罗纹针一边做伏针收针。

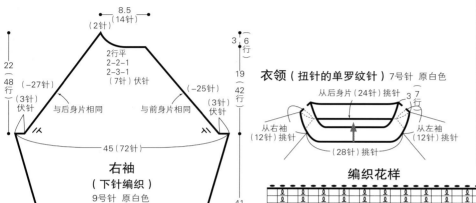

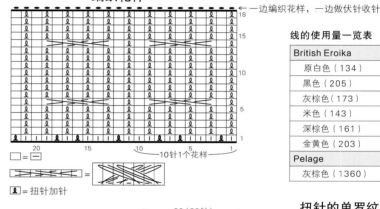

衣领（扭针的单罗纹针）7号针 原白色

编织花样

线的使用量一览表

British Eroika	
原白色（134）	505g
黑色（205）	35g
灰棕色（173）	20g
米色（143）	15g
深棕色（161）	少量
金黄色（203）	少量
Pelage	
灰棕色（1360）	15g

扭针的单罗纹针

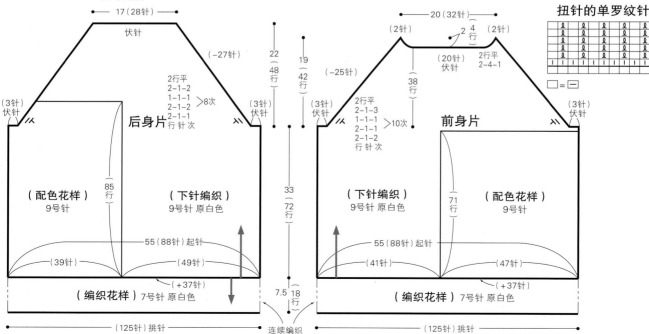

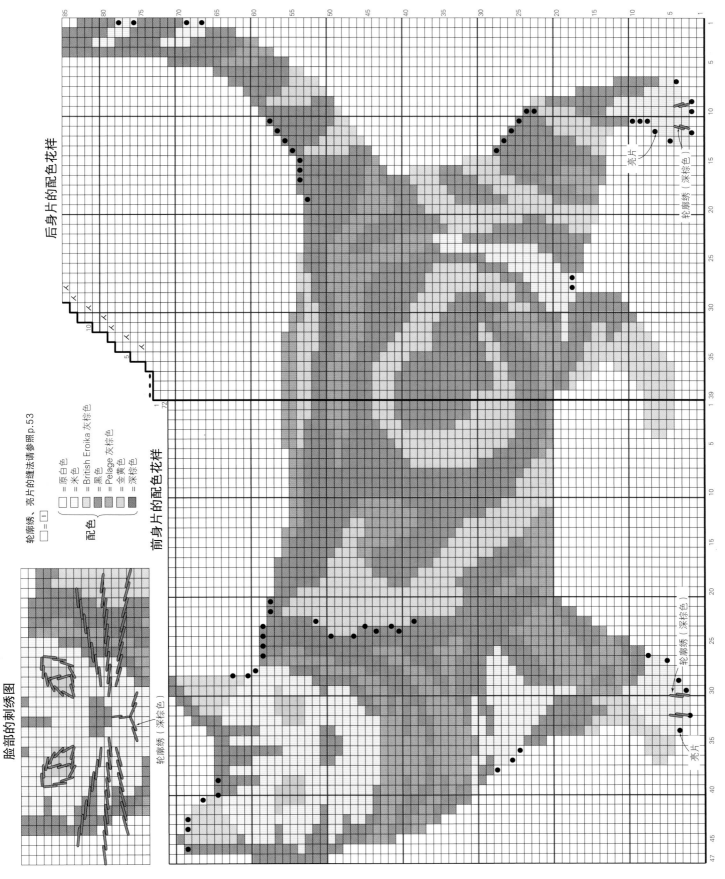

后身片的配色花样

脸部的刺绣图

前身片的配色花样

轮廓绣、亮片的缝法请参照 p.53

□=□

配色
=原白色
=米色
=British Eroika 灰棕色
=黑色
=Pelage 灰棕色
=金黄色
=深棕色

B 几何花样圆育克套头衫

p.8

●**材料** » DARUMA Wool Mohair 嫩粉色（9）160g，原白色（1）40g，米色（2）15g；LOOP 米色（7）30g；Sprout 浅灰色+绿色（2）20g；Soft Tam 金黄色（15）20g，蓝灰色（16）10g

●**成品尺寸** » 胸围98cm，衣长59cm，连肩袖长74.5cm

●**工具** » 棒针9号、7号

●**密度** »10cm×10cm面积内：下针编织15.5针，23行；配色花样15.5针，17.5行

●编织方法
后身片、前身片手指挂线起针后开始环形编织。接着在后身片往返编织前后差部分。袖子手指挂线起针后开始环形编织。育克从身片和袖子上挑针后，环形编织横向渡线的配色花样。衣领用嫩粉色线编织单罗纹针，结束时一边编织单罗纹针一边做伏针收针。对齐相同标记●、○做下针无缝缝合，标记☆处做针与行的缝合。在育克的指定位置系上流苏。

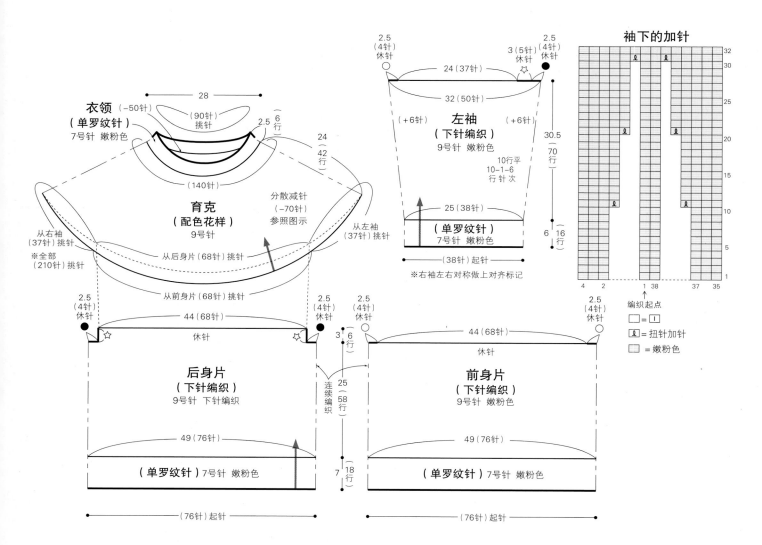

68

配色花样与分散减针

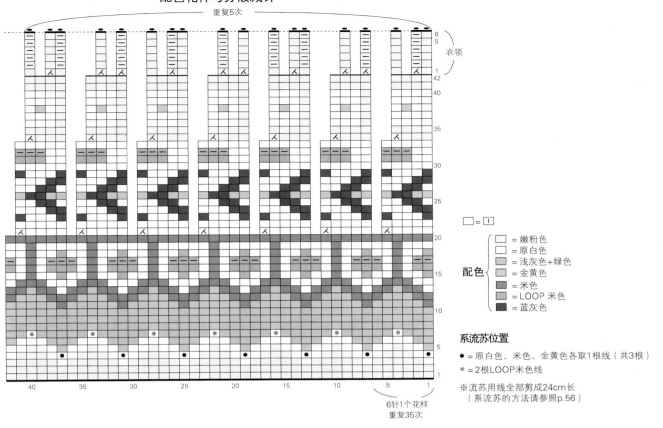

重复5次

衣领

□ = 下针

配色
- □ = 嫩粉色
- □ = 原白色
- □ = 浅灰色+绿色
- □ = 金黄色
- □ = 米色
- □ = LOOP 米色
- □ = 蓝灰色

系流苏位置
- ● = 原白色、米色、金黄色各取1根线（共3根）
- ● = 2根LOOP米色线

※流苏用线全部剪成24cm长
（系流苏的方法请参照p.56）

6针1个花样
重复35次

配色花样

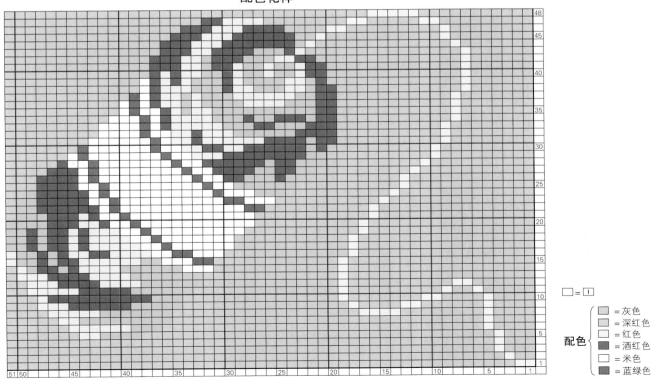

□ = 下针

配色
- □ = 灰色
- □ = 深红色
- □ = 红色
- □ = 酒红色
- □ = 米色
- □ = 蓝绿色

接 p.70 ◀

●**材料** » Rich More Percent 灰色（122）340g，红色（73）、深红色（75）、酒红色（64）、米色（123）、蓝绿色（34）各少量
●**成品尺寸** » 胸围100cm，肩宽41cm，衣长55cm，袖长50cm
●**工具** » 棒针5号、3号
●**密度** » 10cm×10cm面积内：下针编织22针，32.5行

●**编织方法**
身片、袖子均为手指挂线起针后，做编织花样和下针编织。前身片在指定位置编织纵向渡线的配色花样。肩部做引拔接合，胁部、袖下做挑针缝合。衣领挑针后按编织花样做环形编织，结束时一边编织花样一边做伏针收针。袖子与身片做引拔缝合。

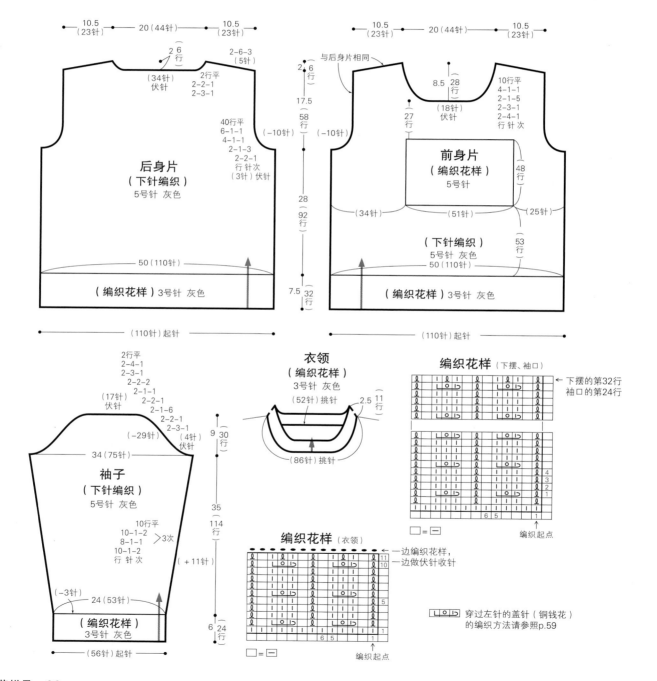

后身片（下针编织）5号针 灰色

前身片（编织花样）5号针

袖子（下针编织）5号针 灰色

衣领（编织花样）3号针 灰色

编织花样（下摆、袖口）

编织花样（衣领）

□ = □　穿过左针的盖针（铜钱花）的编织方法请参照p.59

◀ 配色花样见p.69

● **材料** » 和麻纳卡 Exceed Wool L（中粗）藏青色（325）410g，浅灰色（355）10g，原白色（302）、茶色（333）、米色（304）、咖啡色（331）、绿色（345）、红色（335）、深棕色（352）各少量；Merino Wool Fur 白色（1）、驼色（2）各10g

● **成品尺寸** » 胸围100cm，肩宽42cm，衣长55.5cm，袖长51cm

● **工具** » 棒针7号、5号

● **密度** » 10cm×10cm面积内：下针编织17.5针，28行

● **编织方法**

身片、袖子均为手指挂线起针后开始编织。在前身片的指定位置加入纵向渡线的配色花样。再做前身片的刺绣。肩部做引拔接合，胁部、袖下做挑针缝合。衣领挑针后按编织花样做环形编织，结束时一边编织花样一边做伏针收针。袖子与身片做引拔缝合。

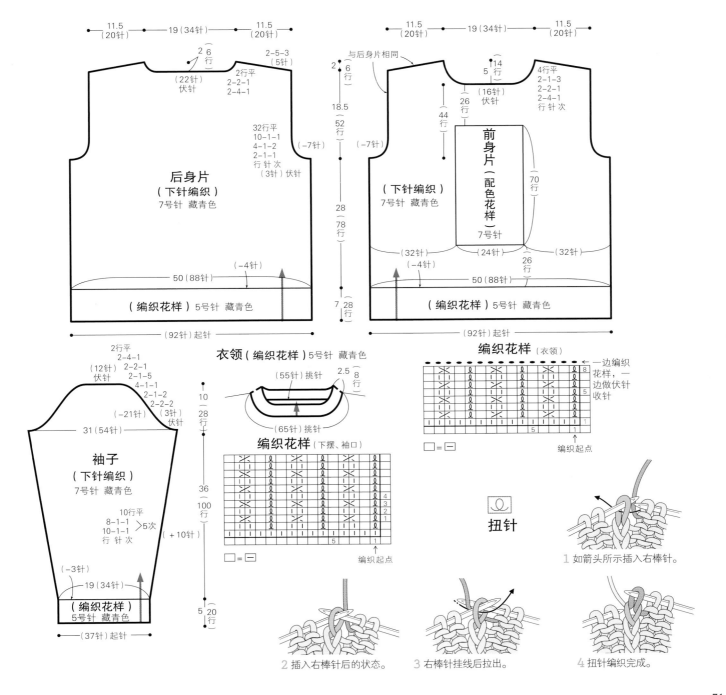

◀接p.71

配色花样

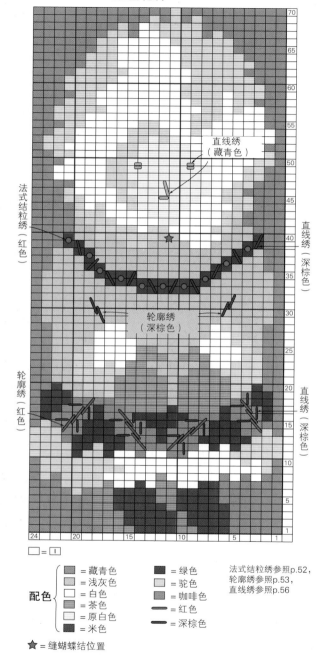

直线绣
（藏青色）

法式结粒绣（红色）

直线绣
（深棕色）

轮廓绣
（深棕色）

轮廓绣
（红色）

直线绣
（深棕色）

□ = □

配色
- = 藏青色
- = 浅灰色
- = 白色
- = 茶色
- = 原白色
- = 米色
- = 绿色
- = 驼色
- = 咖啡色
- = 红色
- = 深棕色

法式结粒绣参照p.52,
轮廓绣参照p.53,
直线绣参照p.56

★ = 缝蝴蝶结位置

蝴蝶结 红色

用分股线固定

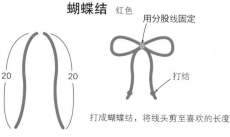

打结

打成蝴蝶结，将线头剪至喜欢的长度

穿在指定位置

Ⅰ 格纹半身裙

p.18

●**材料** » Rich More Percent 橙色（86）245g，浅茶色（83）160g，深棕色（89）40g，蓝色（108）25g；2.5cm宽的松紧带67cm

●**成品尺寸** » 腰围75cm，裙长63.5cm

●**工具** » 棒针10号、9号、7号、6号

●**密度** » 10cm×10cm面积内：配色花样17针，19行

●**编织方法**

全部用相同颜色的2根线合股编织。手指挂线起针后，编织双罗纹针和配色花样。配色花样组合运用横向渡线和纵向渡线编织，结束时休针备用。侧边做挑针缝合。将休针的针目穿回至棒针上，按双罗纹针环形编织腰头部分，结束时松松地做伏针收针。将松紧带缝成环形夹在腰头中间，再将腰头的编织终点与挑针位置做藏针缝合。

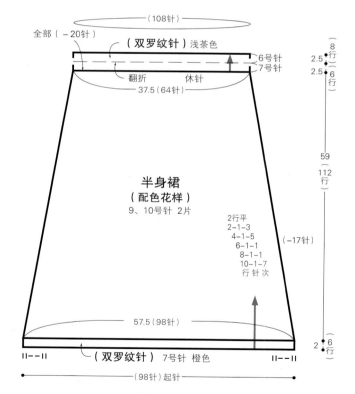

组合方法

1.将腰部的松紧带重叠2cm后缝合

2.腰头夹住松紧带向内侧翻折后做藏针缝缝合

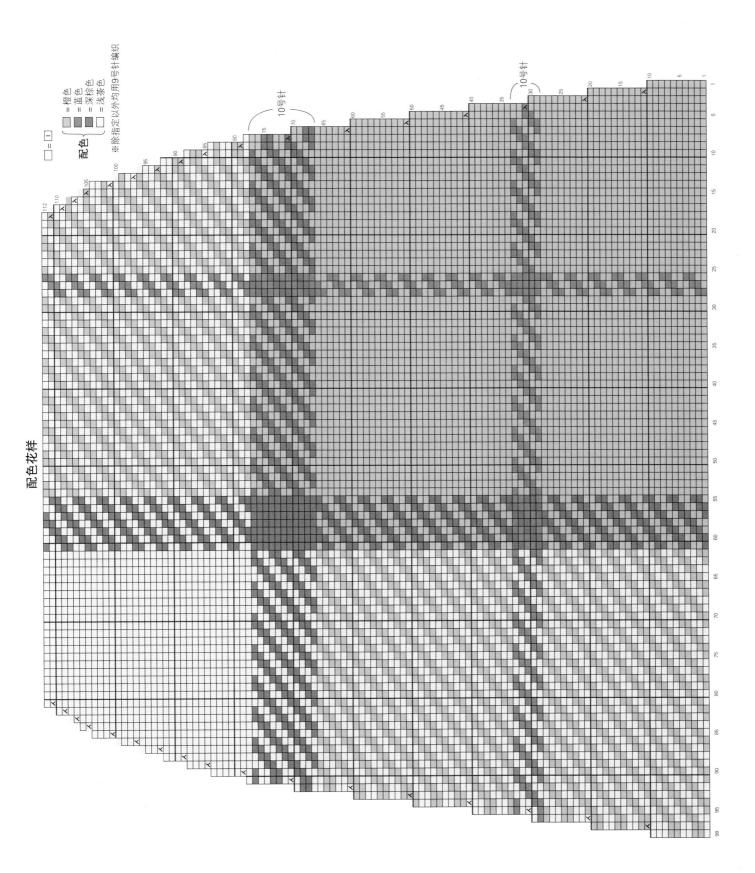

配色花样

●**编织方法**
身体部分用共线锁针起16针后，参照图示一边加、减针一边钩织11圈短针。在第9圈钩织提手。脸部用共线锁针起40针后开始环形钩织，参照图示一边加、减针一边钩织19圈短针。鼻子环形起针后钩织3圈短针。钩织2片鼻子，然后正面朝外对齐，留出2cm开口做卷针缝缝合。将鼻子夹在脸部的鼻尖位置缝合。眼睛是在脸部的指定位置做轮廓绣。在脸部塞入填充棉使其呈扁平状，然后缝在身体的适当位置。

●**材料** » DARUMA Fake Fur 茶色（4）39m；Merino（极粗）浅灰色（302）15g，深棕色（305）少量；填充棉 3g
●**成品尺寸** » 宽26cm，深19cm（仅身体部分）
●**工具** » 钩针10mm、8/0号
●**密度** » 10cm×10cm面积内：短针（Fake Fur）7.5针，6行

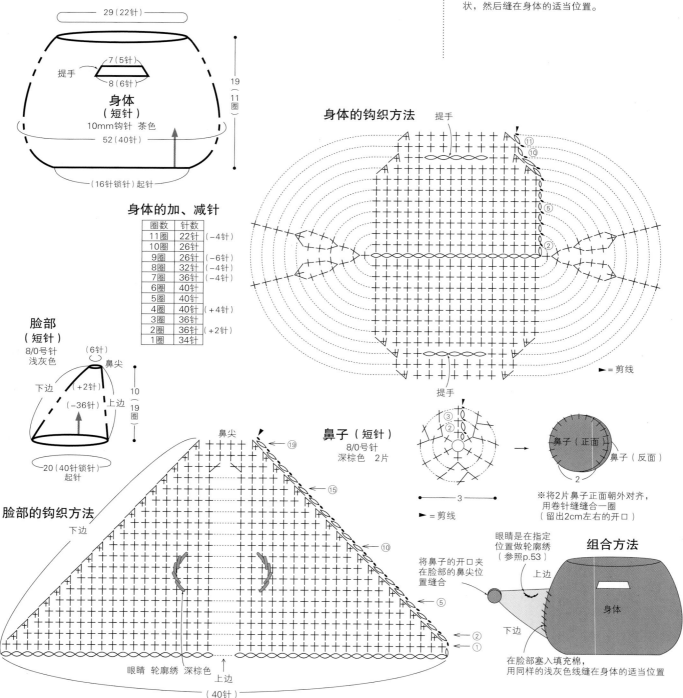

29（22针）

7（5针）
提手
8（6针）

身体
（短针）
10mm钩针 茶色

52（40针）

19
11圈

（16针锁针）起针

身体的加、减针

圈数	针数	
11圈	22针	（−4针）
10圈	26针	
9圈	26针	（−6针）
8圈	32针	（−4针）
7圈	36针	（−4针）
6圈	40针	
5圈	40针	
4圈	40针	（+4针）
3圈	36针	
2圈	36针	（+2针）
1圈	34针	

脸部
（短针）
8/0号针
浅灰色

（6针）
鼻尖
下边　（+2针）　上边
（−36针）
10
19圈

20（40针锁针）起针

脸部的钩织方法
下边

鼻尖
（19）
（15）
（10）
（5）
（2）
（1）

眼睛 轮廓绣 深棕色
上边
（40针）

身体的钩织方法
提手
⑪
⑩
⑤
②
提手
►= 剪线

鼻子（短针）
8/0号针
深棕色 2片
③
②
3
►= 剪线

鼻子（正面）
鼻子（反面）
2

※将2片鼻子正面朝外对齐，用卷针缝缝合一圈（留出2cm左右的开口）

将鼻子的开口夹在脸部的鼻尖位置缝合

眼睛是在指定位置做轮廓绣（参照p.53）

组合方法
上边
身体
下边

在脸部塞入填充棉，用同样的浅灰色线缝在身体的适当位置

G 刺猬零钱包 p.15

●**材料** » 芭贝 British Eroika 米色（143）、紫色（183）各30g；深棕色（161）、灰色（146）各少量；20cm长的拉链（米色）1条；直径1.8cm 的纽扣 1颗

●**成品尺寸** » 宽22.5cm（最宽处），深15cm

●**工具** » 钩针7/0号

●**密度** » 10cm×10cm面积内：短针18针，22行

●编织方法
分别用紫色线和米色线的共线锁针起针，钩织零钱包的主体部分。再分别用相同颜色的线钩织边缘的1圈短针。参考图示在米色主体上做刺绣。在整个身体部位做刺绣，注意反面渡线不要太长。除了缝拉链位置以外，用米色线将2片主体做卷针缝缝合。在织物的内侧挑针缝上拉链，注意缝线不要露出正面。最后在鼻尖缝上纽扣。

零钱包的钩织方法
紫色和米色各1片

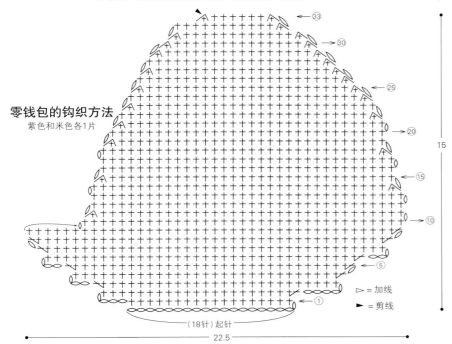

▷ = 加线
► = 剪线

（18针）起针

22.5

边缘的钩织方法与刺绣图（前片）

米色

 = 深棕色
 = 灰色

※后片用紫色线从鼻尖开始对称钩织边缘

分别用紫色线和米色线钩织

缝纽扣位置

缝拉链位置

直线绣

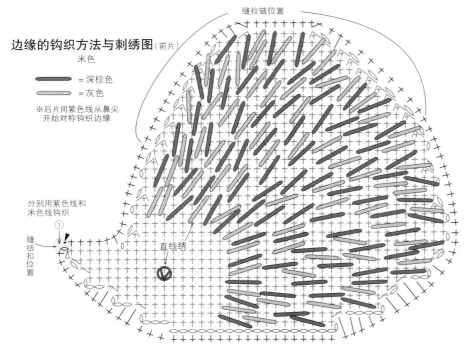

1针放2针短针

1 在前一行针目头部的 2 根线里挑针钩织 1 针短针，再在同一个针目里插入钩针。

2 针头挂线，将线拉出至 1 针锁针的高度。

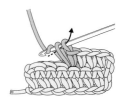

3 再钩织 1 针短针。（针头挂线，引拔穿过针上的 2 个线圈。）

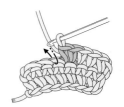

4 在同一个针目里钩织了 2 针短针（加了 1 针的状态）。继续钩织。

●**材料** » 芭贝 Monarca 蓝绿色（908）320g，象牙白色（901）60g，灰米色（902）40g，黑色（909）少量；Julika Mohair 沙米色（302）35g，米色（301）10g

●**成品尺寸** » 胸围102cm，衣长56cm，连肩袖长71.5cm

●**工具** » 棒针9号、7号、6号

●**密度** » 10cm×10cm面积内：配色花样、下针编织均为18针，25行

●**编织方法**
后身片、前身片均为手指挂线起针后开始编织，按配色编织扭针的单罗纹针。配色花样用纵向渡线的方法编织。袖子手指挂线起针后开始编织扭针的单罗纹针和下针编织。在后身片和前身片做刺绣。肩部做引拔接合。衣领环形编织扭针的单罗纹针，松松地做伏针收针后向内侧翻折，再将编织终点与挑针位置做藏针缝缝合。身片与袖子做针与行的缝合。胁部、袖下做挑针缝合。

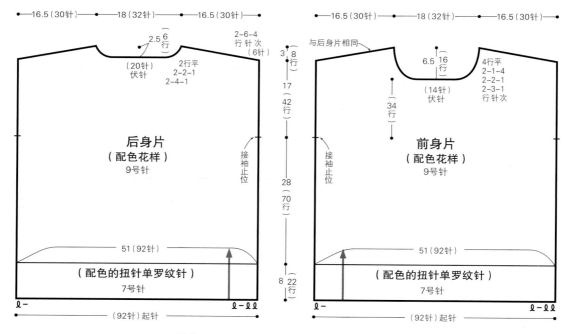

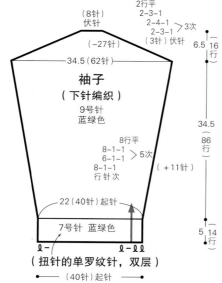

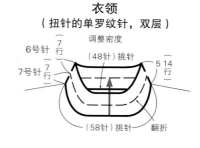

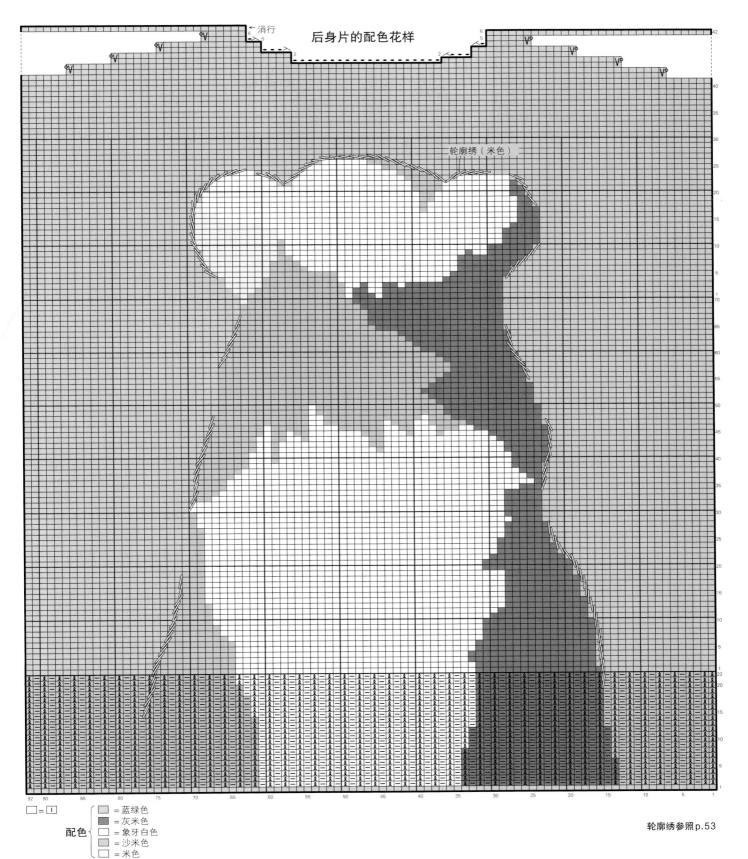

后身片的配色花样

轮廓绣（米色）

消行

配色
= 蓝绿色
= 灰米色
= 象牙白色
= 沙米色
= 米色

轮廓绣参照p.53

前身片的配色花样

轮廓绣（米色）

直线绣（象牙白色）

轮廓绣（黑色）

轮廓绣参照p.53，直线绣参照p.56

□ = I

配色 { = 蓝绿色
= 米色
= 灰米色
= 沙米色
= 象牙白色
= 黑色

M 亲子企鹅开衫 　　　　　　　　　　　p.24

●**材料** » 芭贝 Kid Mohair Fine、Julika Mohair、Miroir <Perle>、British Eroika、Pelage（使用量请参照一览表）；直径2.4cm的纽扣 4颗
●**成品尺寸** » 胸围109.5cm，肩宽46cm，衣长55cm，袖长52cm
●**工具** » 棒针9号、7号
●**密度** » 10cm×10cm面积内：配色花样、下针编织均为16针，23行

●**编织方法**
身片、袖子均为手指挂线起针后开始编织。配色花样用纵向渡线的方法编织。在前身片做刺绣。肩部做引拔接合，胁部和袖下做挑针缝合。衣领、前门襟用指定颜色的线挑针后编织单罗纹针，换色时用纵向渡线的方法渡线编织，结束时一边编织单罗纹针一边做伏针收针。袖子与身片做引拔缝合。最后缝上纽扣。

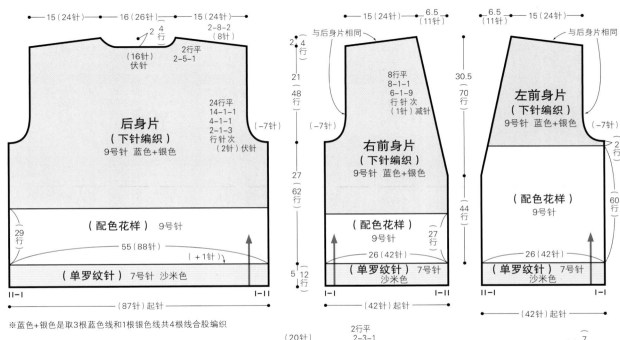

※蓝色+银色是取3根蓝色线和1根银色线共4根线合股编织

线的使用量一览表

Kid Mohair Fine	
蓝色（53）	190g
Julika Mohair	
沙米色（302）	90g
炭灰色（308）	少量
Miroir <Perle>	
银色（401）	40g
British Eroika	
原白色（134）	10g
亚光黑色（122）	10g
橙色（186）	少量
Pelage	
灰棕色（1360）	少量

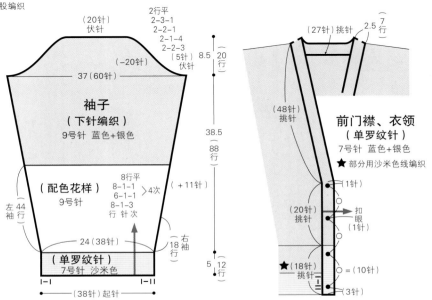

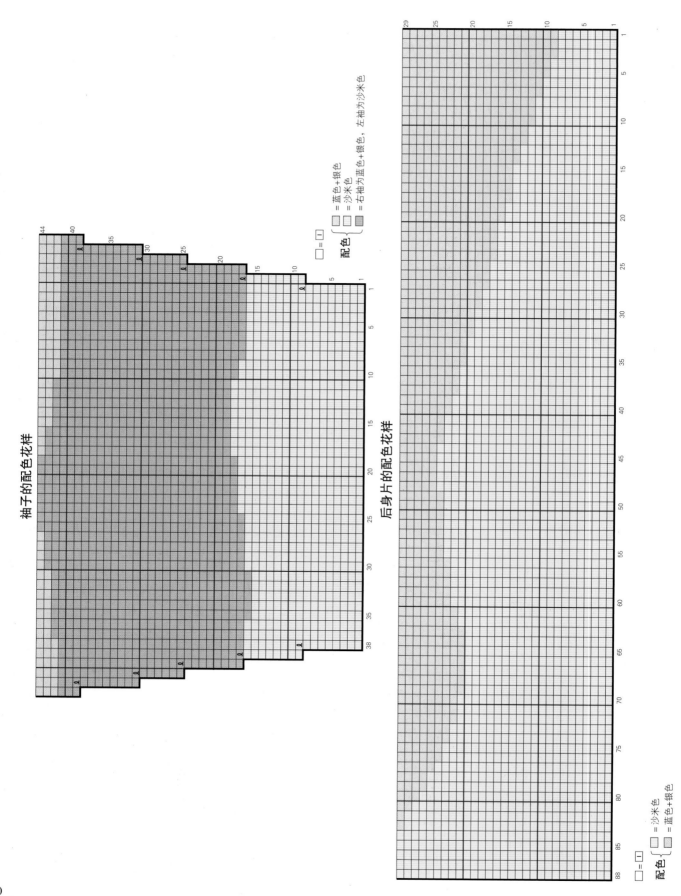

袖子的配色花样

后身片的配色花样

□ = I

配色 {
□ = 蓝色+银色
□ = 沙米色
□ = 右袖为蓝色+银色, 左袖为沙米色
}

□ = I

配色 {
□ = 沙米色
□ = 蓝色+银色
}

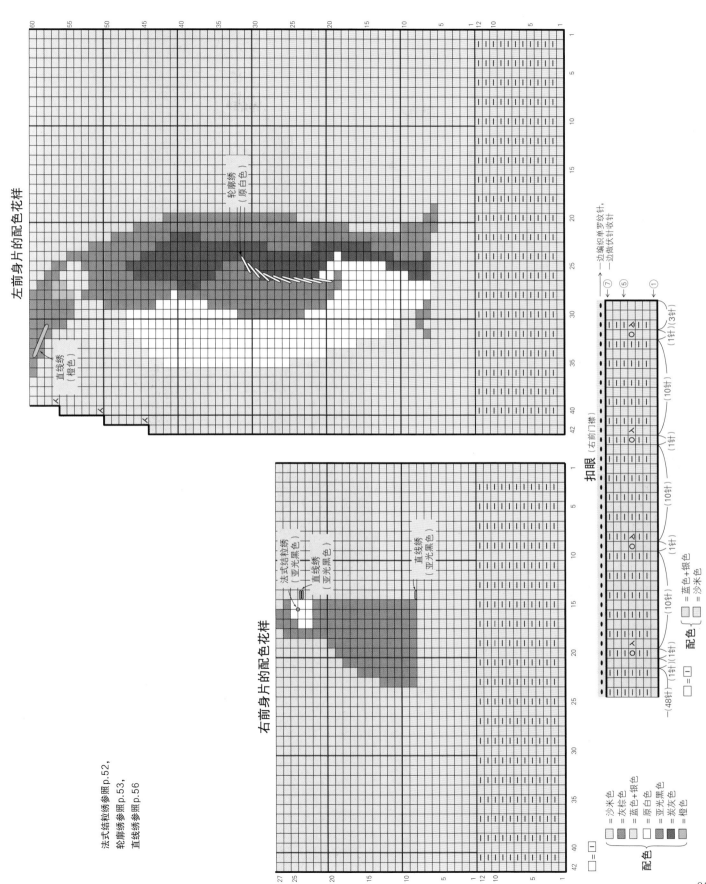

左前身片的配色花样

轮廓绣
（原白色）

直线绣
（橙色）

右前身片的配色花样

法式结粒绣
（亚光黑色）

直线绣
（亚光黑色）

直线绣
（亚光黑色）

法式结粒绣参照 p.52，
轮廓绣参照 p.53，
直线绣参照 p.56

扣眼（右前门襟）

→ 一边编织单罗纹针，
一边做伏针收针

⑦
⑤
①

（1针）（3针）
（10针）
（1针）
（10针）
（10针）
（1针）
（10针）
（1针）（1针）
（1针）（1针）
（48针）

配色{ = 蓝色+银色
= 沙米色

□ = □

配色
= 沙米色
= 灰棕色
= 蓝色+银色
= 原白色
= 亚光黑色
= 炭灰色
= 橙色

□ = □

81

●**材料 »** 和麻纳卡 Amerry 柠檬黄色（25）240g，浅灰色（10）、原白色（20）各20g，浅绿色（1）15g，米色（21）10g，灰色（22）5g，蓝灰色（37）、冰蓝色（45）各少量

●**成品尺寸 »** 胸围100cm，肩宽42cm，衣长53cm，袖长48cm

●**工具 »** 棒针6号、4号

●**密度 »** 10cm×10cm面积内：下针编织、配色花样均为19.5针，30行

●**编织方法**

身片、袖子均为手指挂线起针后开始编织双罗纹针。后身片、袖子接着做下针编织。前身片编织纵向渡线的配色花样后进行刺绣。肩部做引拔接合，胁部、袖下做挑针缝合。衣领环形编织双罗纹针，结束时一边编织双罗纹针一边做伏针收针。袖子与身片做引拔缝合。

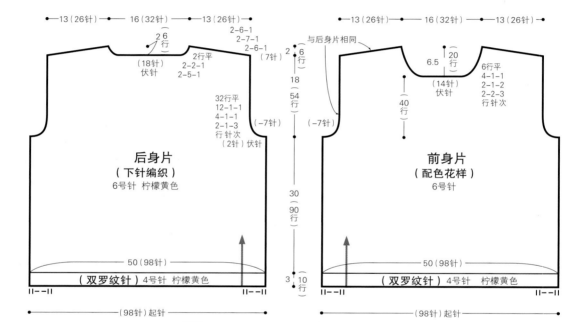

后身片
（下针编织）
6号针 柠檬黄色

（双罗纹针）4号针 柠檬黄色

前身片
（配色花样）
6号针

（双罗纹针）4号针 柠檬黄色

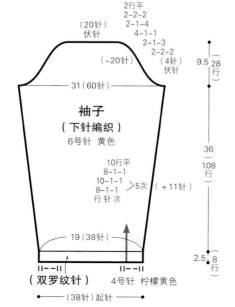

袖子
（下针编织）
6号针 黄色

（双罗纹针）4号针 柠檬黄色

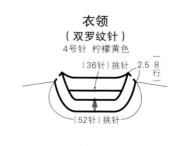

衣领
（双罗纹针）
4号针 柠檬黄色

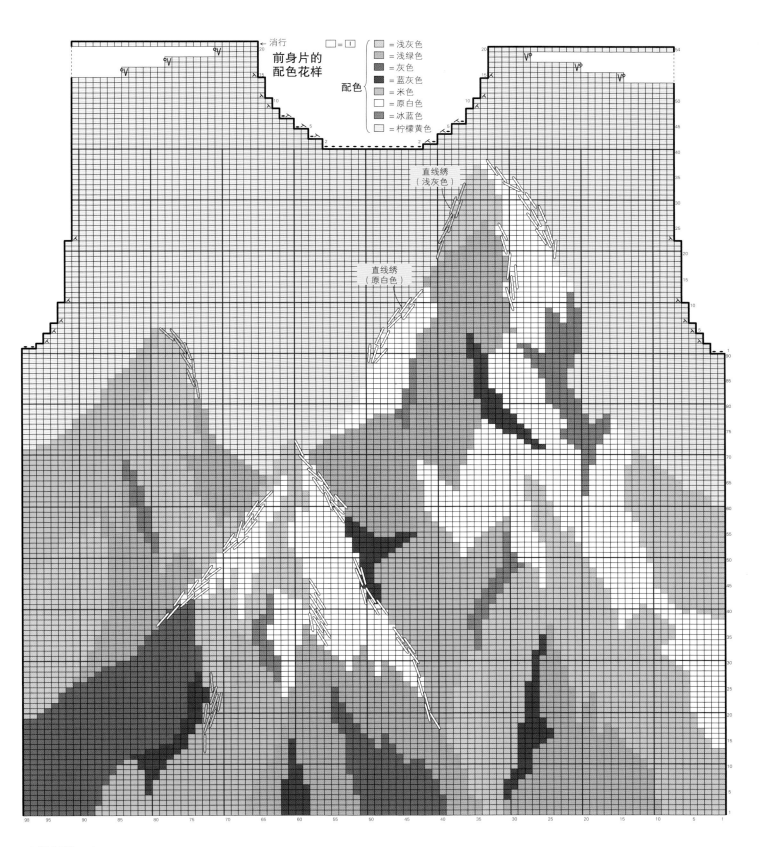

前身片的
配色花样

消行

□ = □

配色 {
浅灰色
浅绿色
灰色
蓝灰色
米色
原白色
冰蓝色
柠檬黄色
}

直线绣
（浅灰色）

直线绣
（原白色）

直线绣参照p.56

●**材料** » 芭贝 British Eroika 灰棕色（173）190g，柠檬黄色（206）20g，橙色（186）15g，深棕色（161）10g，原白色（134）5g，翠蓝色（190）少量；Pelage 米色（1315）10g；直径6mm的龟甲形亮片 橙色 79片，柑橘色 69片，灰色 15片；内衬袋用布 33cm×74cm，肩带衬布5.5cm×115cm 各1片

●**成品尺寸** » 宽32cm，深34cm（主体部分）

●**工具** » 棒针9号，钩针7/0号、8/0号

●**密度** » 10cm×10cm面积内：下针编织、配色花样均为16针，22.5行

●**编织方法**

主体手指挂线起针后开始编织。后片做下针编织，前片编织纵向渡线的配色花样。编织结束时做伏针收针。在前片的指定位置用毛线刺绣后，缝上亮片。底部做下针无缝缝合，侧边做挑针缝合，包口环形钩织边缘。肩带共线锁针起针后如图所示钩织。在肩带的反面缝上肩带衬布。缝制内衬袋，将肩带夹在主体和内衬袋之间缝合固定。

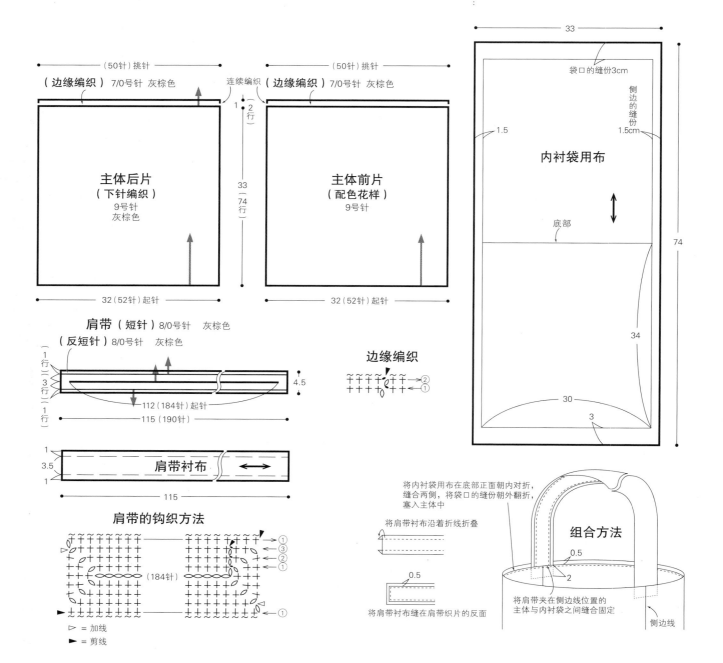

（边缘编织） 7/0号针 灰棕色 （50针）挑针
连续编织 1（2行）

主体后片
（下针编织）
9号针
灰棕色

33（74行）

32（52针）起针

（边缘编织） 7/0号针 灰棕色 （50针）挑针

主体前片
（配色花样）
9号针

32（52针）起针

肩带（短针） 8/0号针 灰棕色
（反短针） 8/0号针 灰棕色
（1行）（3行）（1行）
112（184针）起针
115（190针）
4.5

边缘编织

肩带衬布
1
3.5
1
115

肩带的钩织方法
（184针）
▷ = 加线
► = 剪线

33
袋口的缝份3cm
侧边的缝份1.5cm
1.5
内衬袋用布
底部
74
34
30
3

将内衬袋用布在底部正面朝内对折，缝合两侧，将袋口的缝份朝外翻折，塞入主体中

将肩带衬布沿着折线折叠
0.5

将肩带衬布缝在肩带织片的反面

组合方法
0.5
2
将肩带夹在侧边线位置的主体与内衬袋之间缝合固定
侧边线

⌅ 反短针

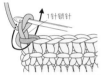

1 立织 1 针锁针，如箭头所示转动针头，在前一行边针的头部挑针。

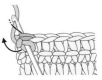

2 从线的上方挂线，直接向前拉出。

3 拉出线后的状态。

4 针头挂线，引拔穿过针上的 2 个线圈。（短针）

5 1 针 "反短针" 完成。

6 下一针也与步骤 1 一样，转动针头，在前一行右侧针目的头部插入钩针，从线的上方挂线后向前拉出。

7 针头挂线，引拔穿过针上的 2 个线圈。（短针）

8 2 针完成。重复步骤 6、7，从左往右继续钩织。

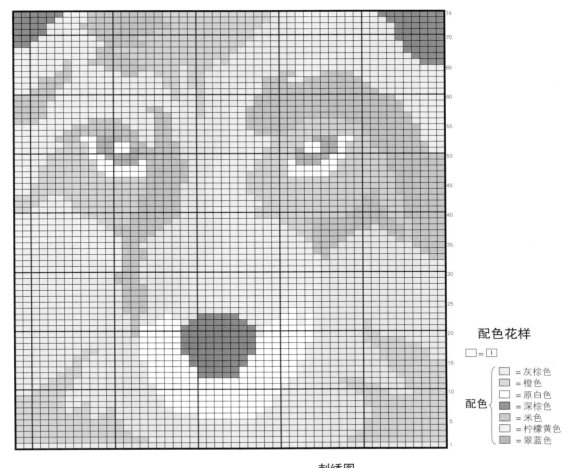

配色花样

□ = |

配色
- □ = 灰棕色
- ▨ = 橙色
- □ = 原白色
- ■ = 深棕色
- ▨ = 米色
- □ = 柠檬黄色
- ▨ = 翠蓝色

刺绣图

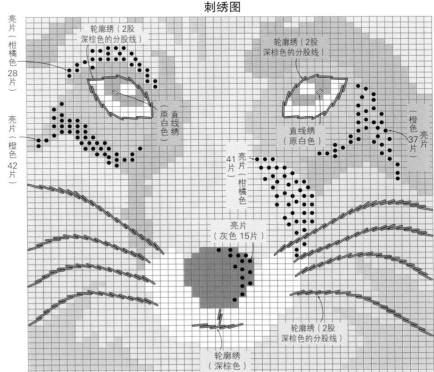

亮片（柑橘色 28 片）

轮廓绣（2 股深棕色的分股线）

轮廓绣（2 股深棕色的分股线）

亮片（橙色 42 片）

直线绣（原白色）

直线绣（原白色）

橙色亮片 37 片

41 亮片（柑橘色）

亮片（灰色 15 片）

轮廓绣（2 股深棕色的分股线）

轮廓绣（深棕色）

亮片的缝法、轮廓绣参照 p.53，直线绣参照 p.56

Q 拼布风桂花针披肩 p.29

- **●材料 »** DARUMA Pom Pom Wool 棕色+黑色（2）55g，浅灰色+黑色（6）40g；Sprout 棕色+茶色（4）50g；灰色+藏青色（3）45g；LOOP 灰色（5）、黑色（6）各40g；Wool Mohair 橄榄绿色（11）25g
- **●成品尺寸 »** 宽30cm，长176cm
- **●工具 »** 棒针15号
- **●密度 »** 10cm×10cm面积内：配色花样12针，21.5行

●编织方法

用橄榄绿色线做手指挂线起针后开始编织。组合编织纵向渡线的配色花样和桂花针。注意LOOP线要比其他线编织得稍微紧一点。编织结束时，一边编织桂花针一边做伏针收针。

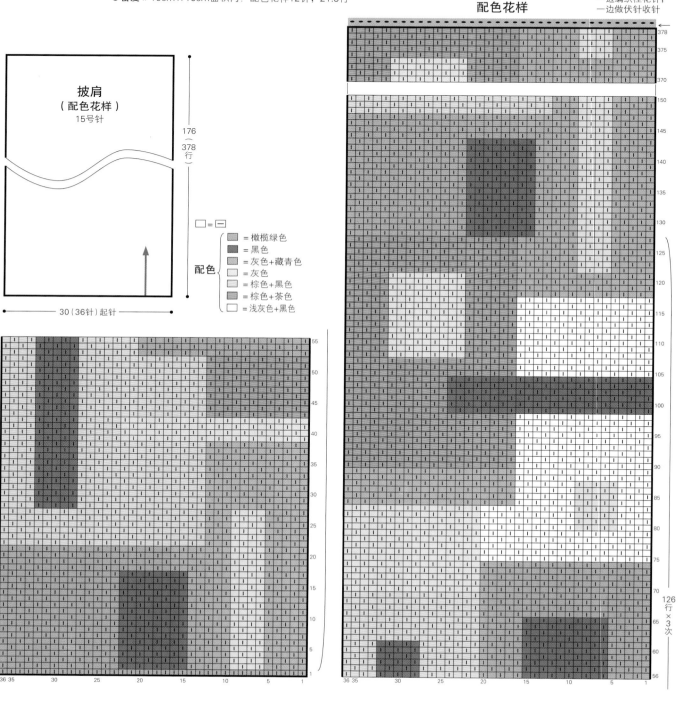

披肩
（配色花样）
15号针

176
（378
行）

30（36针）起针

□ = 一

配色
- = 橄榄绿色
- = 黑色
- = 灰色+藏青色
- = 灰色
- = 棕色+黑色
- = 棕色+茶色
- = 浅灰色+黑色

配色花样

一边编织桂花针，
一边做伏针收针

126
行
×
3
次

86

●材料 » 芭贝 Kid Mohair Fine 橙色（58）65g，蓝绿色（48）
35g，粉红色（5）、黄绿色（51）各30g，绿色（39）、茶
色（52）各20g，原白色（2）15g
●成品尺寸 » 宽17cm，长146.5cm（不含尾巴）
●工具 » 棒针9号
●密度 » 10cm×10cm面积内：配色花样、下针条纹编织均
为16针，22行

●编织方法
全部用相同颜色的4根线合股编织。主体部分做手指挂线起
针后开始编织纵向渡线的配色花样。后腿分成左右两边编
织，结束时做伏针收针。左、右前腿做手指挂线起针后开
始编织，结束时与主体做下针无缝缝合。尾巴做手指挂线起
针后开始编织，结束时穿入线头收紧。在脸部做刺绣。主体
与腿部的两侧做挑针缝合。剩下的针目做卷针缝缝合。尾巴
两侧做挑针缝合，将编织起点整理成扁平状缝在主体上。

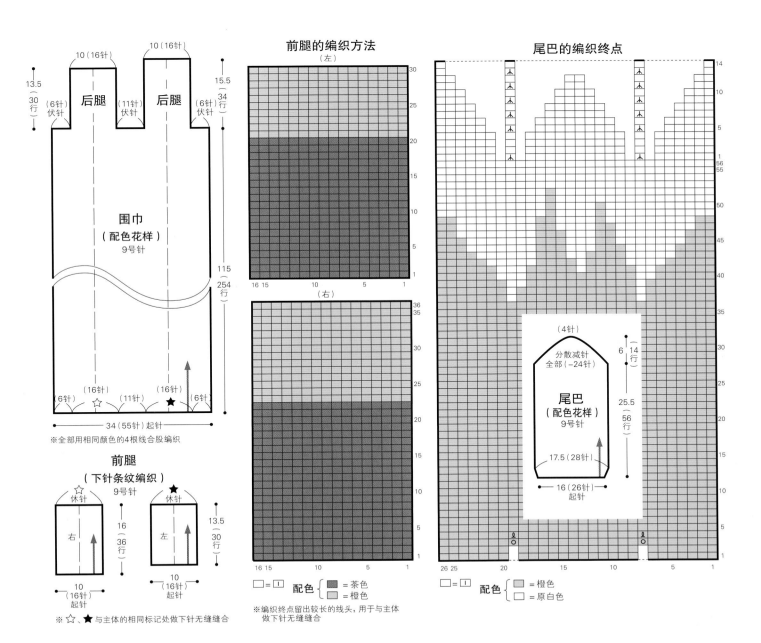

87

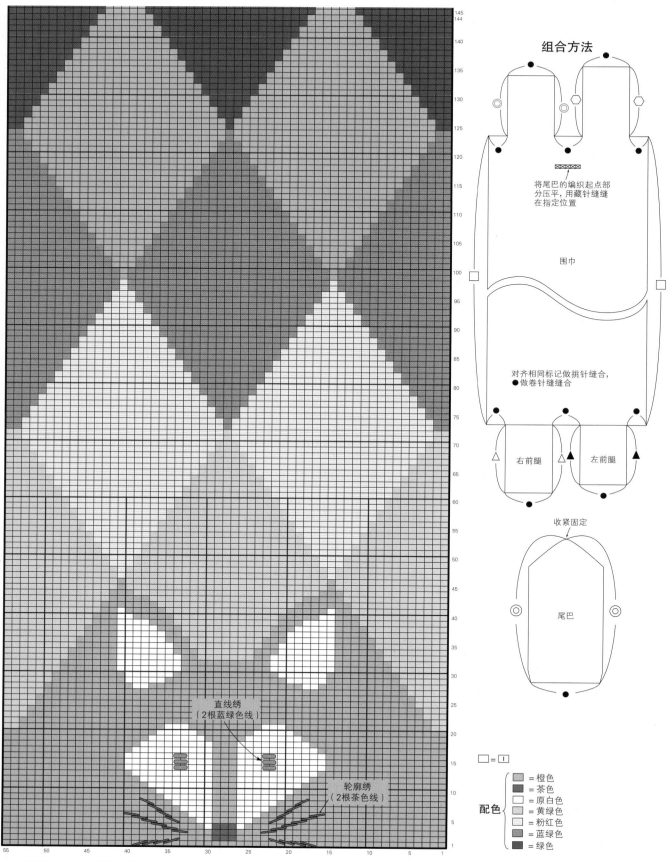

组合方法

将尾巴的编织起点部分压平，用藏针缝缝在指定位置

围巾

对齐相同标记做挑针缝合，● 做卷针缝合

右前腿　左前腿

收紧固定

尾巴

□ = □

配色
■ = 橙色
■ = 茶色
□ = 原白色
■ = 黄绿色
■ = 粉红色
■ = 蓝绿色
■ = 绿色

直线绣
（2根蓝绿色线）

轮廓绣
（2根茶色线）

轮廓绣参照p.53，直线绣参照p.56

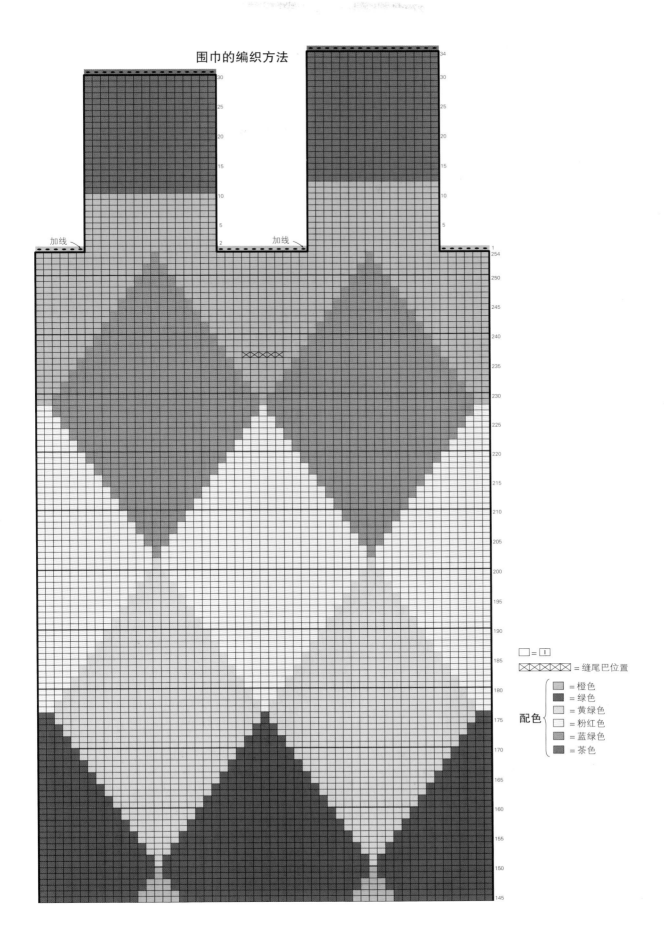

围巾的编织方法

□ = □

XXXXXX = 缝尾巴位置

配色
= 橙色
= 绿色
= 黄绿色
= 粉红色
= 蓝绿色
= 茶色

加线

●**材料** » DARUMA Merino（极粗）浅灰色（302）255g；Pom Pom Wool 象牙白色+灰色（1）85g，浅灰色+黑色（6）75g；Sprout 原白色（1）75g；LOOP 灰色（5）70g，米色（7）65g；Wool Mohair 米色（2）40g；直径1.8cm和2cm的纽扣各3颗

●**成品尺寸** » 胸围104.5cm，衣长56cm，连肩袖长73cm

●**工具** » 棒针9号，钩针8/0号

●**密度** » 10cm×10cm面积内：编织花样A、B均为17针，34行

●**编织方法**

后身片另线锁针起针后，从左侧胁部开始编织，结束时休针备用。左前身片另线锁针起针后从胁部开始编织，结束时做伏针收针。右前身片手指挂线起针后从前端开始编织，2针以上的加针做卷针加针，结束时休针备用。肩部做挑针缝合。右袖从休针处挑针，编织结束时做伏针收针。左袖解开另线锁针挑针后编织。胁部做引拔接合，袖下做挑针缝合。下摆、前门襟、衣领连续按边缘编织B钩织。袖口按边缘编织A环形钩织。

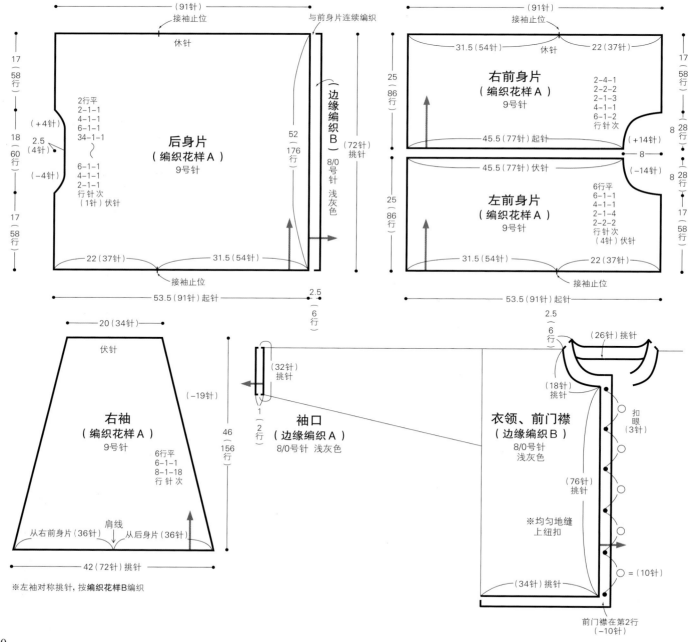

※左袖对称挑针，按**编织花样B**编织

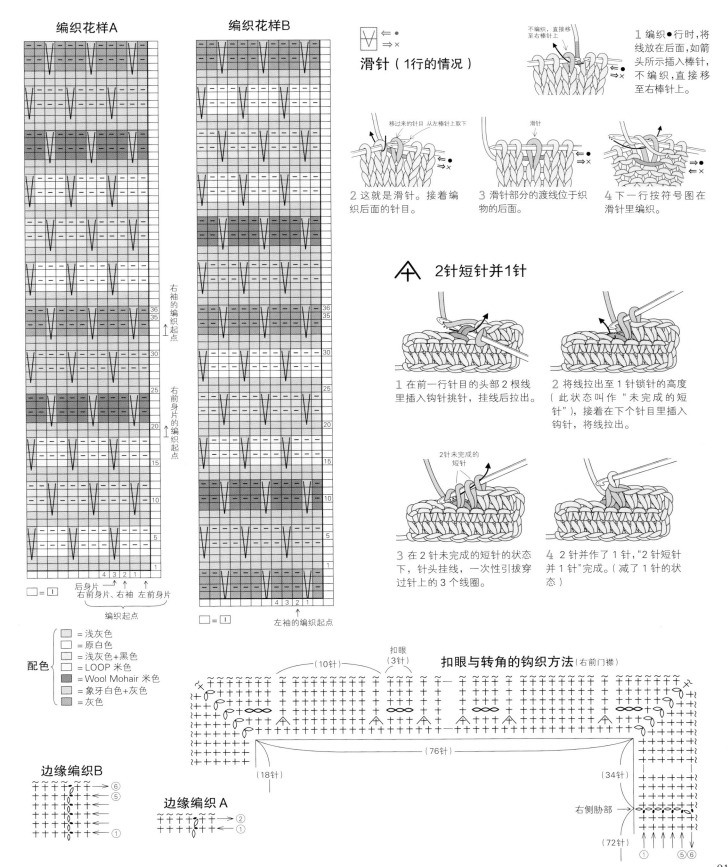

编织花样A

编织花样B

右袖的编织起点
右前身片的编织起点

36
35
30
25
20
15
10
5
1

□ = □
后身片
右前身片、右袖 左前身片
编织起点

□ = □
左袖的编织起点

滑针（1行的情况）

⇐ •
⇒ ×

1 编织●行时，将线放在后面，如箭头所示插入棒针，不编织，直接移至右棒针上。

不编织，直接移至右棒针上

移过来的针目 从左棒针上取下

滑针

2 这就是滑针。接着编织后面的针目。

3 滑针部分的渡线位于织物的后面。

4 下一行按符号图在滑针里编织。

2针短针并1针

1 在前一行针目的头部2根线里插入钩针挑针，挂线后拉出。

2 将线拉出至1针锁针的高度（此状态叫作"未完成的短针"），接着在下个针目里插入钩针，将线拉出。

2针未完成的短针

3 在2针未完成的短针的状态下，针头挂线，一次性引拔穿过针上的3个线圈。

4 2针并作了1针，"2针短针并1针"完成。（减了1针的状态）

配色
■ = 浅灰色
□ = 原白色
■ = 浅灰色+黑色
□ = LOOP 米色
■ = Wool Mohair 米色
■ = 象牙白色+灰色
■ = 灰色

扣眼与转角的钩织方法(右前门襟)

（10针）
扣眼（3针）

（76针）

（18针）
（34针）

右侧胁部

（72针）

边缘编织B
⑥
⑤
④
③
②
①

边缘编织 A
②
①

●**材料** » 芭贝 Soft Donegal、British Eroika、Primitivo、Julika Mohair
（使用量请参照一览表）
●**成品尺寸** » 胸围106cm，衣长59.5cm，连肩袖长73cm
●**工具** » 棒针9号、7号
●**密度** » 10cm×10cm面积内：下针编织、配色花样均为16针，22行

●**编织方法**

后身片、前身片均为手指挂线起针后开始编织单罗纹针，在指定位置编织纵向渡线的配色花样。在后身片和前身片做刺绣。袖子与身片一样起针后编织单罗纹针和下针。肩部做引拔接合。衣领挑针后环形编织单罗纹针，结束时一边编织单罗纹针一边做伏针收针。袖子与身片之间做针与行的缝合。胁部、袖下做挑针缝合。

配色花样B

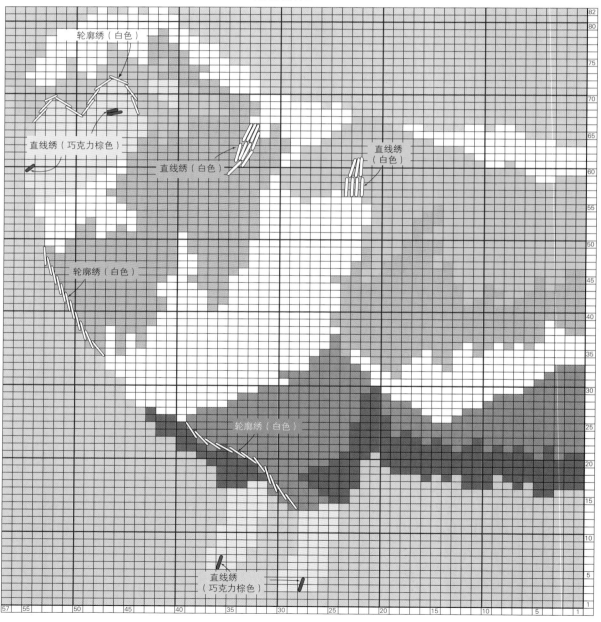

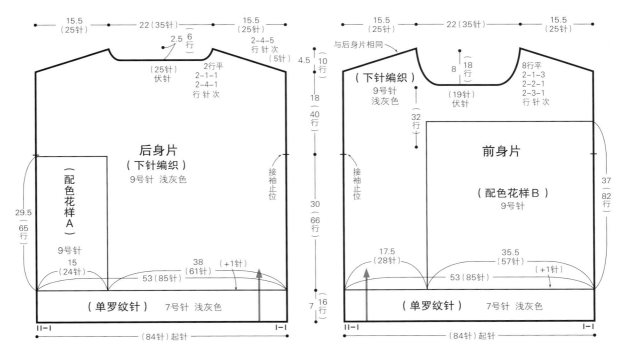

配色花样 A

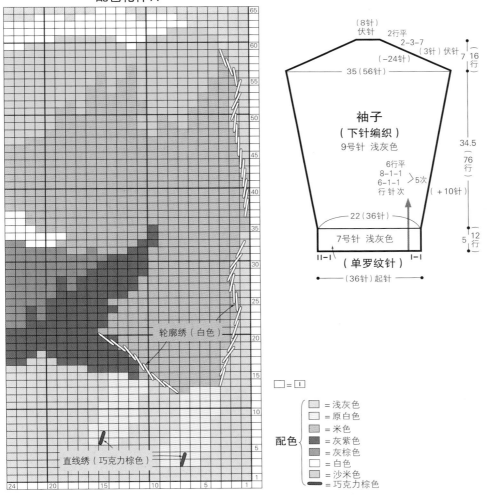

轮廓绣参照p.53，直线绣参照p.56

□ = 団

配色 {
= 浅灰色
= 原白色
= 米色
= 灰紫色
= 灰棕色
= 白色
= 沙米色
= 巧克力棕色
}

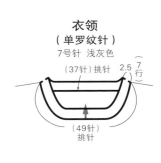

线的使用量	
Soft Donegal	
浅灰色（5204）	335g
British Eroika	
米色（143）	25g
原白色（134）	10g
灰棕色（173）	10g
巧克力棕色（208）	少量
Primitivo	
白色（102）	25g
Julika Mohair	
灰紫色（311）	10g
沙米色（302）	10g

● **材料 »** 芭贝 Shetland 灰色（30）190g，深红色（23）130g；直径1.8cm的纽扣 4颗

● **成品尺寸 »** 胸围87cm，肩宽36cm，衣长52cm

● **工具 »** 棒针6号、4号

● **密度 »** 10cm×10cm面积内：配色花样21针，24行

● **编织方法**

后身片、前身片均为手指挂线起针后开始编织，按编织花样和配色花样编织。配色花样用横向渡线的方法编织（参照p.44）。当渡线为5针以上时，在下一行挑起渡线一起编织（参照p.45）。肩部做引拔接合，胁部做挑针缝合。前门襟、衣领挑针后按编织花样编织，结束时一边编织花样一边做伏针收针。袖口挑针后按编织花样环形编织，结束时一边编织花样一边做伏针收针。

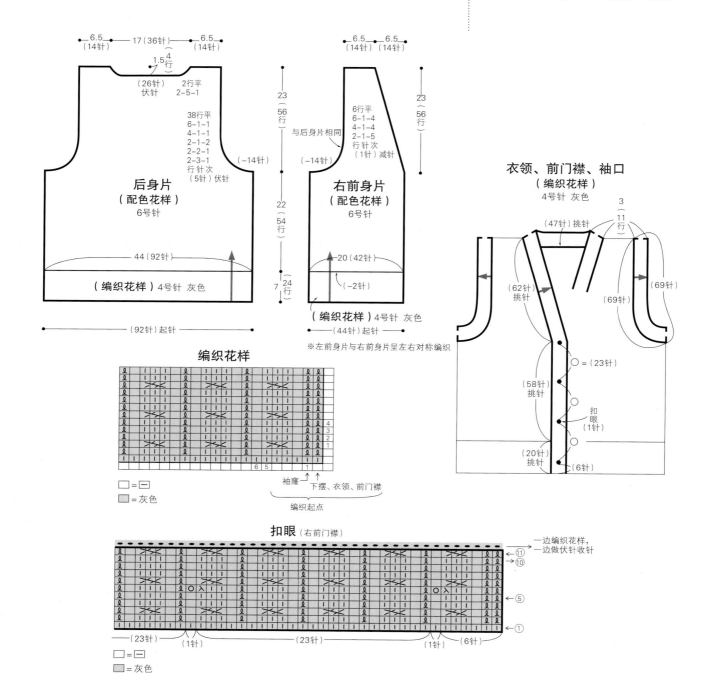

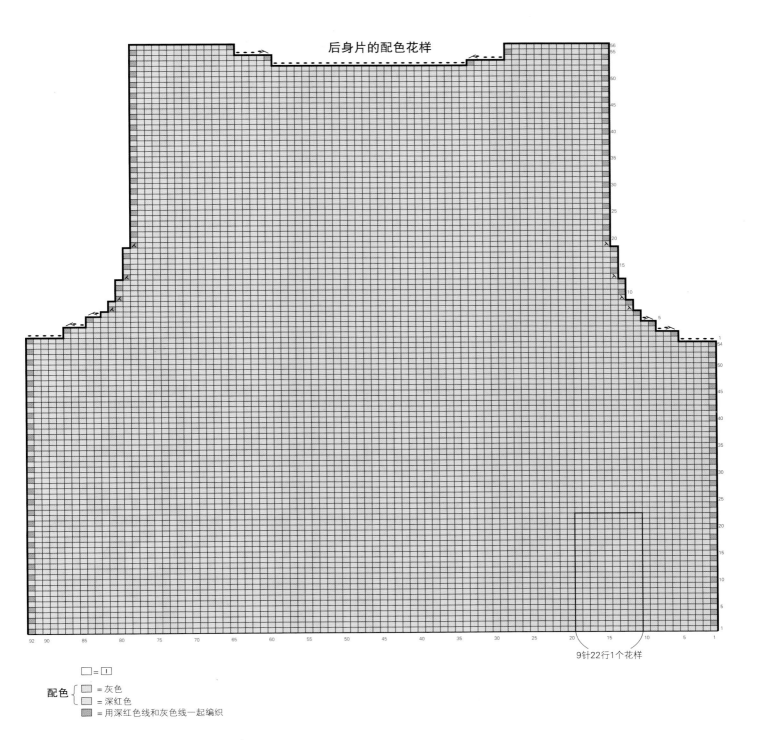

后身片的配色花样

9针22行1个花样

□ = ☐

配色 {
= 灰色
= 深红色
= 用深红色线和灰色线一起编织
}

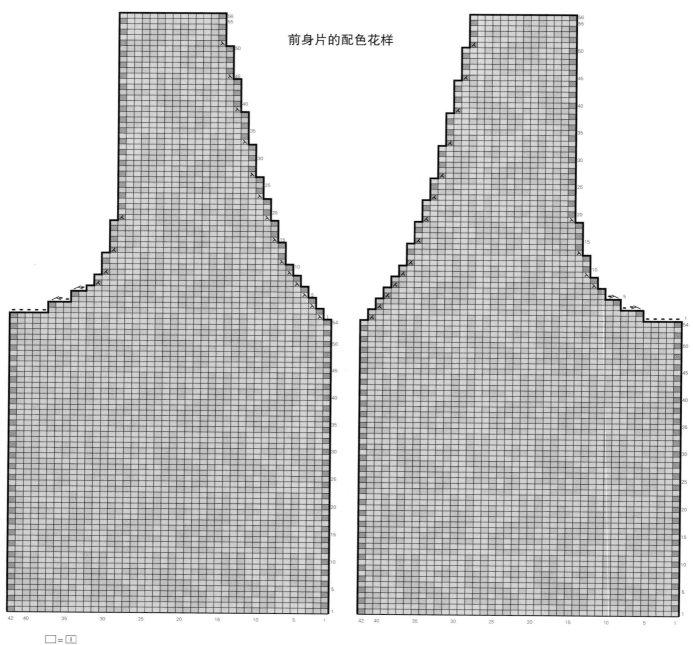

前身片的配色花样

□ = |

配色 { ■ = 深红色
■ = 灰色
■ = 用深红色线和灰色线一起编织

S 小花露指手套

p.31

●**材料** » Rich More Percent 紫色（50）
40g、驼色（116）25g

●**成品尺寸** » 掌围20cm，长27cm

●**工具** » 棒针6号

●**密度** » 10cm×10cm面积内：配色花
样24针，24.5行

●**编织方法**
手指挂线起针后，按单罗纹针和配
色花样环形编织。配色花样用横向
渡线的方法编织。在拇指位置编入
另线。编织结束时，一边编织单罗
纹针一边做伏针收针。解开拇指的
另线挑针后，环形编织单罗纹针，
结束时一边编织单罗纹针一边做伏
针收针。

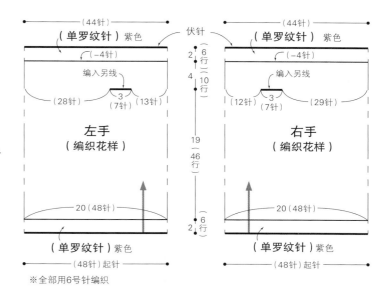

拇指
（单罗纹针）紫色

※全部用6号针编织

露指手套的编织方法

一边编织单罗纹针，
一边做伏针收针

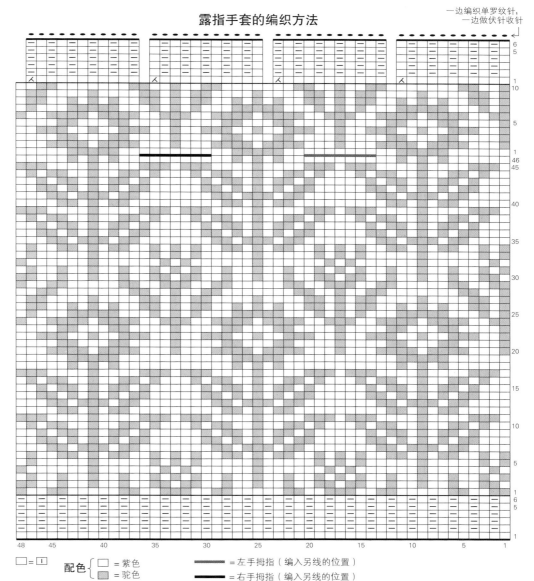

□=丨

配色 { □ = 紫色
　　　 ▨ = 驼色

━ =左手拇指（编入另线的位置）

━ =右手拇指（编入另线的位置）

D 平针花样背心 p.11

- **材料** » 芭贝 British Fine 浅米色（021）130g、米色（024）65g
- **成品尺寸** » 胸围102cm，衣长55cm，连肩袖长27.5cm
- **工具** » 棒针4号、3号
- **密度** » 10cm×10cm面积内：配色花样24针，26行

●**编织方法**
手指挂线起针后开始编织。配色花样用横向渡线的方法编织。肩部做引拔接合后，往返编织袖口的双罗纹针，然后松松地做伏针收针。胁部和袖口下端连续做挑针缝合。衣领挑针后环形编织双罗纹针，结束时松松地做伏针收针。将衣领、袖口向内侧翻折，在挑针位置做藏针缝缝合，形成双层结构。

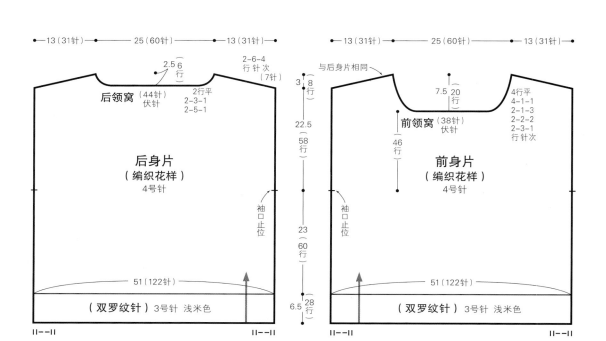

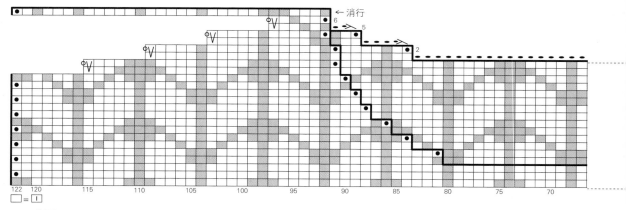

配色 ｛ ▨ =米色
⬜ =浅米色
⊙ =用米色线和浅米色线一起编织

98

衣领
（双罗纹针，双层）
4号针 浅米色

双罗纹针

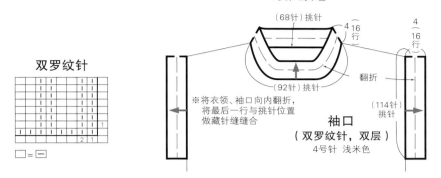

□ = －

（68针）挑针

4
16
行

4
16
行

翻折

（92针）挑针

（114针）
挑针

※将衣领、袖口向内翻折，
将最后一行与挑针位置
做藏针缝合

袖口
（双罗纹针，双层）
4号针 浅米色

配色花样

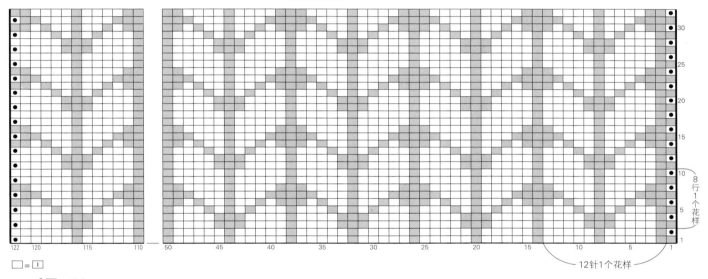

8
行
1
个
花
样

12针1个花样

□ = I

配色 { ▨ = 米色
□ = 浅米色
● = 用米色线和浅米色线一起编织

前、后领窝

中心

▷ = 加线

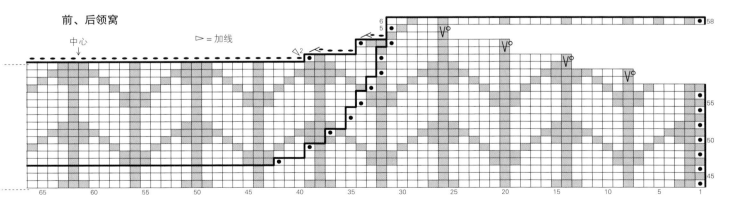

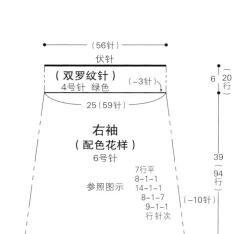

● **材料** » Rich More Percent 绿色（104）260g、橙色（86）140g
● **成品尺寸** » 胸围90cm，衣长59cm，连肩袖长75cm
● **工具** » 棒针6号、4号
● **密度** » 10cm×10cm面积内：配色花样23针，24行

●**编织方法**

另线锁针起针，从领窝开始环形编织育克部分。全部按横向渡线的配色花样编织。渡线为7针以上时，下一行挑起渡线一起编织。育克部分编织结束后，往返编织后身片的前后差部分。将左、右袖的针目休针备用。另线锁针起针制作腋下的针目，然后将前、后身片连起来环形编织。下摆接着编织双罗纹针，结束时一边编织双罗纹针一边做伏针收针。袖子解开腋下的锁针起针挑针，再从育克部分的休针以及前后差上挑针后环形编织。袖口的编织要领与下摆相同。衣领解开锁针的起针时挑针后环形编织双罗纹针，结束时用与下摆同样的方法收针。

（56针）
伏针
（双罗纹针）
4号针 绿色　（-3针）　6（20行）
25（59针）

右袖
（配色花样）
6号针

7行平
8-1-1
14-1-1　39（94行）
参照图示　8-1-7
9-1-1
行针次　（-10针）

34（79针）
从育克（64针）挑针
从○（8针）挑针　　从☆（7针）挑针
※左右对称编织左袖

双罗纹针

□ = 一

（104针）
伏针
（双罗纹针）4号针 绿色

后身片
（配色花样）
6号针

9（30行）
连续编织　28.5（68行）

45（104针）
（4针）起针　从育克（96针）挑针　（4针）起针
3（8行）

（104针）
伏针
（双罗纹针）4号针 绿色

前身片
（配色花样）
6号针

45（104针）
（4针）起针　从育克（96针）挑针　（4针）起针

前、后身片各（96针）挑针
全部140（320针）

右袖（64针）休针　　　　　　　左袖（64针）休针

育克
（配色花样）
6号针

分散加针
（+180针）
参照图示

18.5（44行）
60（140针）起针

衣领
（双罗纹针）
4号针 绿色

23　　2（7行）
（140针）挑针

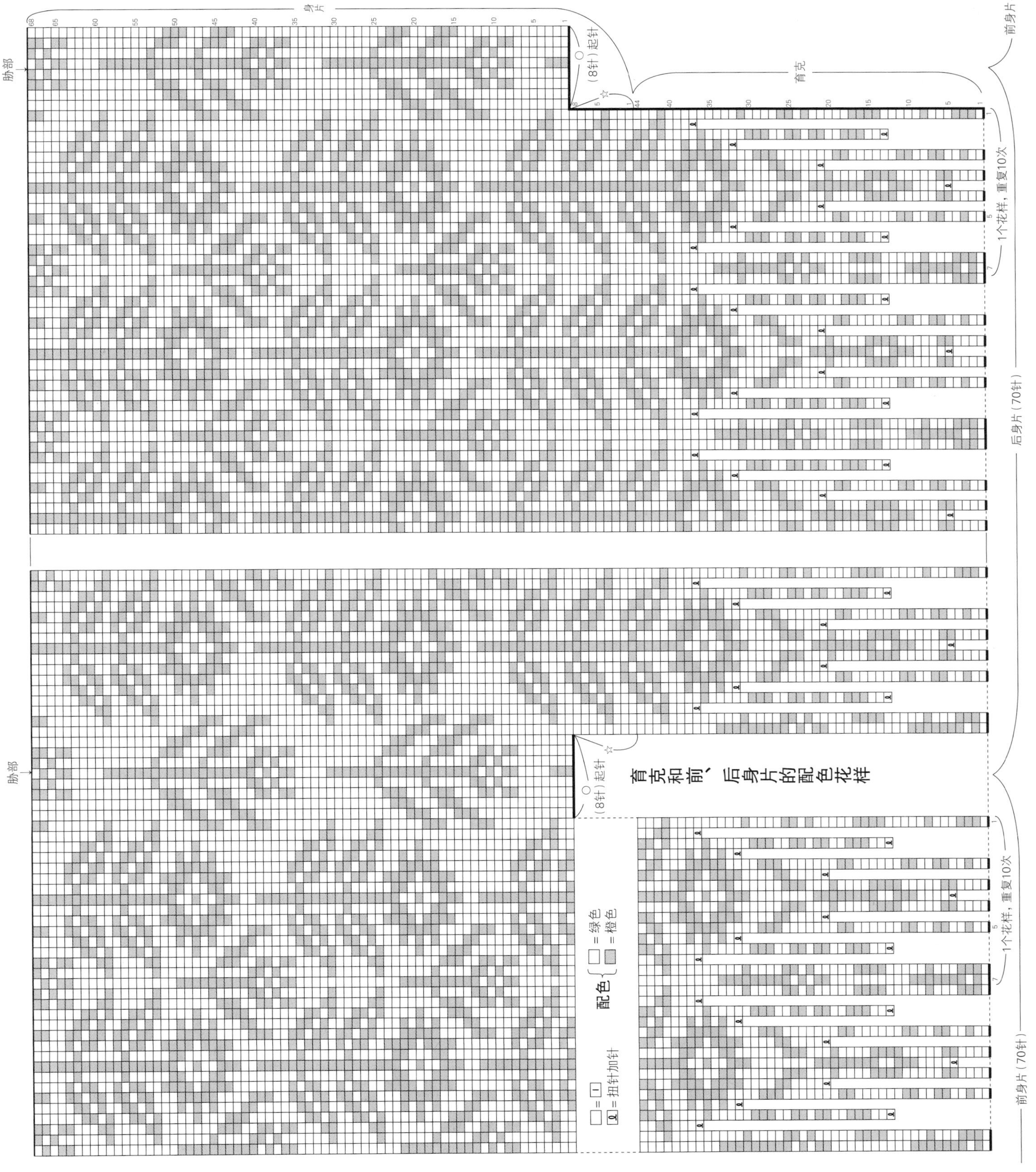

身片

胁部

68 65 60 55 50 45 40 35 30 25 20 15 10 5 1

○（8针）起针

☆ 5 1
44 40 35 30 25 20 15 10 5 1

育克

前身片

1个花样，重复10次

后身片（70针）

胁部

☆
○（8针）起针

育克和前、后身片的配色花样

配色 { □ = 绿色　■ = 橙色 }

□ = □　Ⓠ = 扭针加针

1个花样，重复10次

前身片（70针）

101

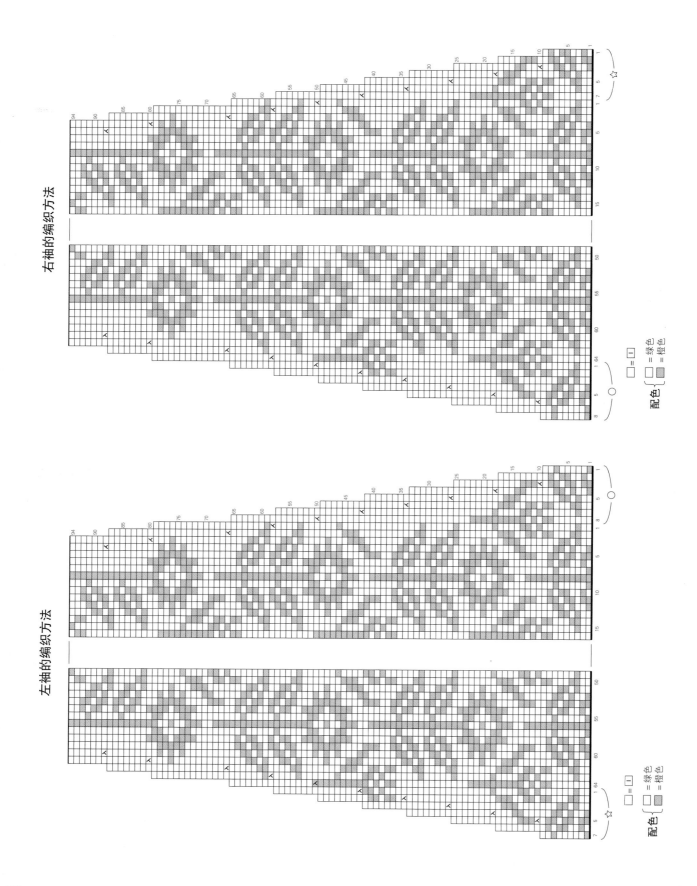

右袖的编织方法

左袖的编织方法

配色 { □=绿色　■=橙色

□=□

基础编织技法

编织图的看法

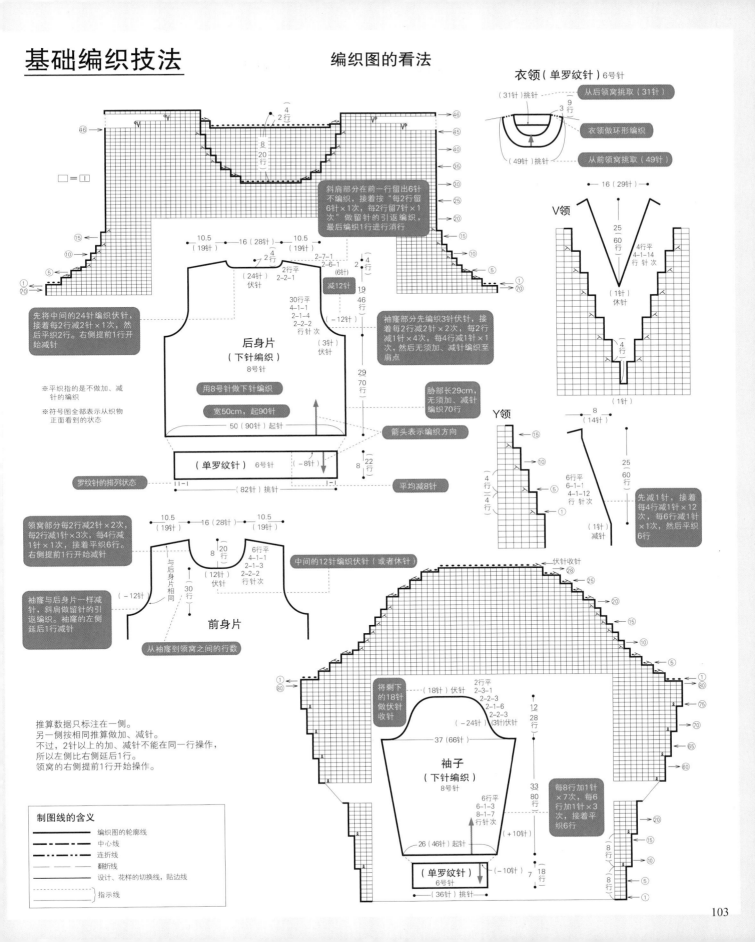

衣领（单罗纹针）6号针

从后领窝挑取（31针）

衣领做环形编织

从前领窝挑取（49针）

（31针）挑针

（49针）挑针

V领

16（29针）

25（60行）

4行平 4-1-14 行 针 次

（1针）休针

（4行）

（1针）

斜肩部分在前一行留出6针不编织，接着按"每2行留6针×1次，每2行留7针×1次"做留针的引返编织，最后编织1行进行消行

先将中间的24针编织伏针，接着每2行减2针×1次，然后平织2行。右侧提前1行开始减针

8 20行

4 2行

□=│

46

46

45

40

35

30

25

20

15

10

5

1 70

10.5（19针）

16（28针）

10.5（19针）

4 2行

2-7-1 2-6-1 2行平 2-2-1

（24针）伏针

减12针

（6针）

2 4行

19 46行

（−12针）

（3针）伏针

30行平 4-1-1 2-1-4 2-2-2 行 针 次

袖隆部分先编织3针伏针，接着每2行减2针×2次，每2行减1针×4次，每4行减1针×1次，然后无须加、减针编织至肩点

29 70行

8 22行

※平织指的是不做加、减针的编织

※符号图全部表示从织物正面看到的状态

后身片（下针编织）8号针

用8号针做下针编织

宽50cm，起90针

50（90针）起针

（单罗纹针）6号针

罗纹针的排列状态

│─│

（82针）挑针

│─│

（−8针）

平均减8针

胁部长29cm，无须加、减针编织70行

箭头表示编织方向

Y领

8（14针）

4 行

4 行

6行平 6-1-1 4-1-12 行 针 次

（1针）减针

25 60行

15

10

5

1

先减1针，接着每4行减1针×12次，每6行减1针×1次，然后平织6行

领窝部分每2行减2针×2次，每2行减1针×3次，每4行减1针×1次，接着平织6行。右侧提前1行开始减针

袖隆与后身片一样减针，斜肩做留针的引返编织。袖隆的左侧延后1行减针

10.5（19针）

16（28针）

10.5（19针）

与后身片相同

（−12针）

8 20行

6行平 4-1-1 2-1-3 2-2-2 行 针 次

（12针）伏针

中间的12针编织伏针（或者休针）

30行

前身片

从袖隆到领窝之间的行数

推算数据只标注在一侧。
另一侧按相同推算做加、减针。
不过，2针以上的加、减针不能在同一行操作，所以左侧比右侧延后1行。
领窝的右侧提前1行开始操作。

15

10

5

1 80

伏针收针

28

25

20

1 80

将剩下的18针做伏针收针

（18针）伏针

2行平 2-3-1 2-2-3 2-1-6 2-2-3 （−24针）（3针）伏针

37（66针）

袖子（下针编织）8号针

6行平 6-1-3 8-1-7 行 针 次

26（46针）起针

（单罗纹针）6号针

（−10针）

（36针）挑针

12 20行

33 80行

（+10针）

每8行加1针×7次，每6行加1针×3次，接着平织6行

1 80

75

70

65

60

20

15

10

5

1

8 行

8 行

7

18行

制图线的含义

编织图的轮廓线

中心线

连折线

翻折线

设计、花样的切换线，贴边线

指示线

103

棒针基础针法

手指挂线起针

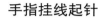

1 留出大约3倍于想要编织宽度的短线头。

2 制作线环,用左手捏住交叉点。

3 从线环中拉出短线头。

4 再用拉出的线制作小线环。

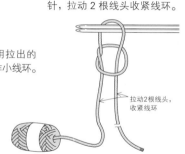

5 在小线环中插入2根棒针,拉动2根线头收紧线环。

拉动2根线头,收紧线环

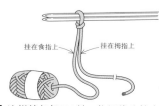

挂在食指上   挂在拇指上

6 这样就起好了1针。将短线头挂在拇指上,将长线头挂在食指上。

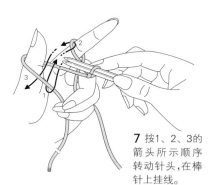

7 按1、2、3的箭头所示顺序转动针头,在棒针上挂线。

8 按1、2、3的顺序挂线后的状态。

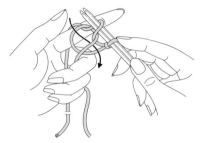

9 松开拇指上的线,如箭头所示重新插入拇指,伸直拇指收紧针目。重复步骤7~9起所需针数。

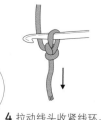

抽出1根 →

10 所需针数全部制作完成。抽出1根棒针,手指挂线起针完成。

另线锁针起针   ※ 使用与作品实际编织时不同的线起针

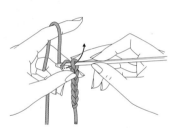

1 将钩针放在线的后面,朝箭头所示方向转动针头。

用拇指和中指捏住

2 用手指捏住交叉处,在钩针上挂线。

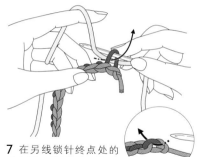

3 将挂线从线环中拉出。

4 拉动线头收紧线环。

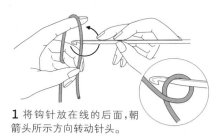

5 重复"在钩针上挂线拉出",比所需针数稍微多钩几针锁针。

6 最后再次挂线引拔。

7 在另线锁针终点处的里山插入棒针,使用作品实际编织时的线挑针。

8 挑取所需针数。

| | 下针（ □ = 表示下针的符号 ）

1 将线放在后面，从前往后插入右棒针。　　2 挂线后向前拉出。　　3 拉出线后的状态。退出左棒针取下针目。　　4 下针完成。

— — 上针（ □ = 表示上针的符号 ）

1 将线放在前面，从后往前插入右棒针。　　2 插入右棒针后的状态。　　3 挂线，向后拉出。　　4 拉出线后的状态。退出左棒针取下针目。　　5 上针完成。

下针的伏针收针

  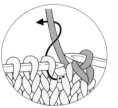

1 编织2针下针。　　2 用左棒针挑起右边的针目，将其覆盖在左边的针目上。　　3 覆盖后的状态。重复"编织1针下针，覆盖"。

单罗纹针的伏针收针

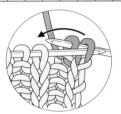 

1 与最后一行的针目一样，按下针、上针的顺序编织，用左棒针挑起右边的针目，将其覆盖在左边的针目上。　　2 覆盖后的状态。下一针编织下针，与步骤1一样覆盖。接着重复"编织1针上针后覆盖，编织1针下针后覆盖"直至最后。

○ 挂针

    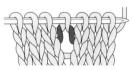

1 将线从前往后挂在右棒针上。这就是挂针。　　2 在下一针编织下针后即可固定挂针。　　3 编织完成。　　4 在下一行，此挂针与其他针目一样编织。　　5 编织完成后从正面看到的状态。

● 伏针

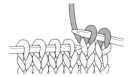  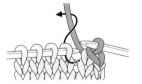 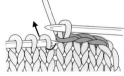

1 编织2针下针。　　2 将右边的针目覆盖在左边的针目上。　　3 下一针也编织下针，与步骤2一样覆盖。　　4 重复"编织1针下针，覆盖"。

卷针加针

右侧

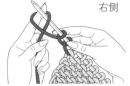  

1 如图所示插入棒针，退出手指。　　2 下一行在边针里插入右棒针。　　3 编织下针。下一针也编织下针。

左侧

1 如图所示插入棒针，退出手指。　　2 下一行在边针里插入右棒针。　　3 编织上针。下一针也编织上针。

☒ 右上2针并1针			
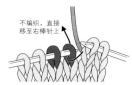		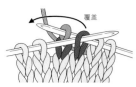	
1 右边的针目不编织,直接移至右棒针上。	**2** 在左边的针目里编织下针。	**3** 将刚才移至右棒针上的针目覆盖在已织针目上。	**4** 右上2针并1针完成。

☒ 左上2针并1针			

1 从2针的左侧一起插入右棒针。	**2** 插入右棒针后的状态。	**3** 在2针里一起编织下针。	**4** 左上2针并1针完成。

☒ 上针的右上2针并1针				

1 2针都不编织,分别移至右棒针上。	**2** 从2针的右侧插入左棒针,针目移回左棒针。	**3** 如箭头所示插入右棒针。	**4** 在2针里一起编织上针。	**5** 上针的右上2针并1针完成。

☒ 上针的左上2针并1针			

1 从2针的右侧一起插入右棒针。	**2** 插入右棒针后的状态。	**3** 在2针里一起编织上针。	**4** 上针的左上2针并1针完成。

⋀ 中上3针并1针			

1 如箭头所示,在右侧的2针里插入右棒针,不编织,直接移至右棒针上。	**2** 在下一针里编织下针。	**3** 将刚才移至右棒针上的2针覆盖在已织针目上。	**4** 中上3针并1针完成。

☒ 右上1针交叉				
	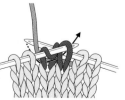			
1 如箭头所示,将右棒针从右边针目的后面插入左边的针目里。	**2** 编织下针。	**3** 紧接着在右边的针目里编织下针。	**4** 拉出线后,从左棒针上取下2针。	**5** 右上1针交叉完成。

下针无缝缝合

· 2片织物都是伏针的情况

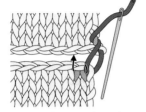 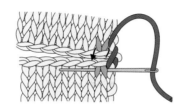 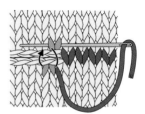

1 将没有线头的织物放在前面,然后按前片、后片的顺序从边针的反面插入缝针。

2 在前片织物的针目里插入缝针,再如箭头所示在后片织物的针目里插入缝针。

3 重复"在前片织物呈八字形挑针,在后片织物呈倒八字形挑针"。

针与行的缝合

· 与伏针收针后的针目做缝合的情况

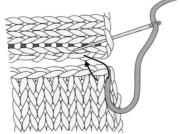 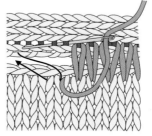 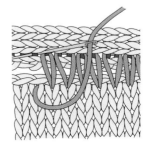

1 将伏针收针后的织物放在前面,接着如图所示,依次在后面织物的起针行与前面织物的针目里插入缝针。在行上挑针时,挑取边针内侧的渡线。

2 行数较多时,在若干处一次性挑取2行进行调整。

3 交替在针目与行中插入缝针,将缝线拉至看不到线迹为止。

挑针缝合

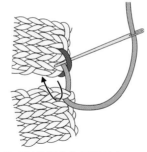 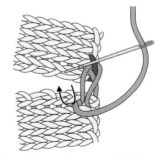 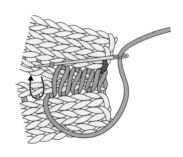

1 前、后2片织物均用缝针在起针行的线里挑针。

2 在边上1针内侧的下线圈里交替挑针,每次挑取1行,然后拉紧缝线。

3 重复"在下线圈里挑针,拉紧缝线"。将缝合线拉至看不到线迹为止。

引拔接合

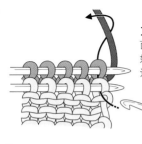

1 将2片织物正面相对,用左手拿好。在2片织物的边针里插入钩针。

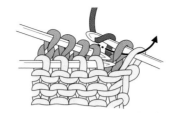

2 挂线,一次性引拔穿过2针。

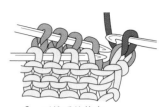

3 引拔后的状态。

4 接着在下一针里插入钩针挂线,这次引拔穿过3针。

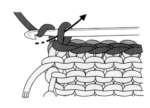

5 重复步骤**4**,在最后一个线圈里引拔。

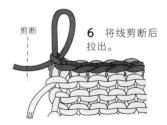

剪断

6 将线剪断后拉出。

留针的引返编织

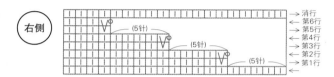

右侧

→消行
→第6行
→第5行
→第4行
→第3行
→第2行
→第1行

(5针)
(5针)
(5针)

第1行（从反面编织的行）

留下5针

1 第1次的引返编织。这是从反面编织的行，左棒针上留下5针不编织。

第2行（从正面编织的行）

滑针　挂针　留出的5针

2 翻转织物，将线从前往后挂在针上（挂针），将左棒针上的第1针移至右棒针上（滑针）。

3 下一针编织下针。

4 剩下的针目也编织下针。

第3行（从反面编织的行）

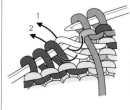

留下5针

5 第2次的引返编织。编织至左棒针上留下5针。

第4行（从正面编织的行）

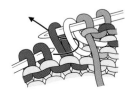

滑针　挂针　留下5针　滑针　挂针

6 翻转织物，与步骤2一样编织挂针和滑针，剩下的针目都编织下针。重复步骤5、6。

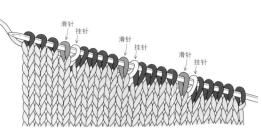

滑针　挂针　滑针　挂针　滑针　挂针

7 翻转织物，与步骤2一样编织挂针和滑针，剩下的针目都编织下针。重复步骤5、6。

交换针目位置的方法（在反面编织的行上操作）

1 将线放在织物的前面，按针目1、2的顺序依次将2针移至右棒针上。

2 如箭头所示，在刚才移过来的2针里插入左棒针移回针目。

3 针目就交换了位置。

消行（从反面编织的行）

交换位置后的针目

交换位置后编织2针并1针

8 在反面编织的行上消行。将挂针与左边相邻针目交换位置（参照"交换针目位置的方法"），然后编织上针的2针并1针。

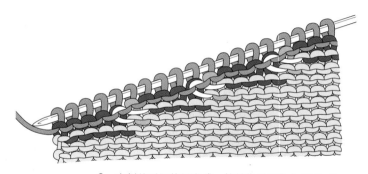

9 右侧的引返编织完成。挂针位于织物的反面，从正面完全看不出来。

左侧

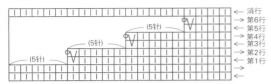

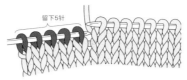
第1行 （从正面编织的行）

1 第1次的引返编织。这是从正面编织的行，左棒针上留下5针不编织。

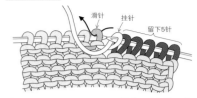
第2行 （从反面编织的行）

2 翻转织物，如图所示挂线（挂针），将左棒针上的第1针移至右棒针上（滑针）。

3 滑针完成。下一针编织上针。

4 剩下的针目也编织上针。

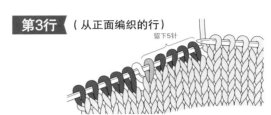
第3行 （从正面编织的行）

5 第2次的引返编织。编织至左棒针上留下5针。

第4行 （从反面编织的行）

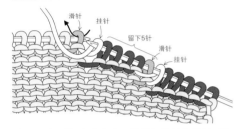

6 翻转织物，与步骤**2**一样编织挂针和滑针，剩下的针目都编织上针。重复步骤**5**、**6**。

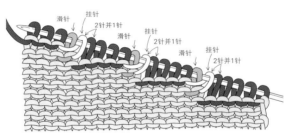

7 第6行（第3次的引返编织）结束后的状态。

消行 （从正面编织的行）

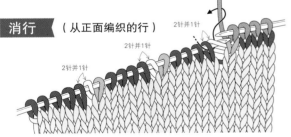

8 在正面编织的行上消行。无须交换针目的位置，如箭头所示在挂针与左边相邻针目里插入右棒针，编织下针的2针并1针。

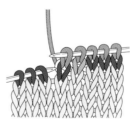

9 编织并针后的状态。

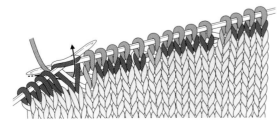

10 按相同要领编织至第3次并针。挂针从正面完全看不出来。

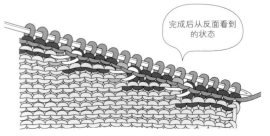
完成后从反面看到的状态

11 由图中可见，挂针位于织物的反面。

109

袖子的缝合方法（引拔缝合）

将有袖山的袖子装在弧形袖窿上，这是最普遍的上袖方法。
先缝合腋部和袖下，然后再缝合身片与袖子。

上袖前的准备工作

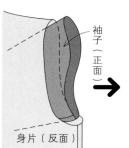

袖子（正面）

身片（反面）

将身片翻至反面朝外，从袖窿塞入袖子，使身片与袖子正面相对。

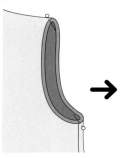

在对齐腋部与袖下、肩部与袖山中心，插上定位针。

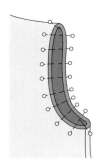

在定位针之间再细密地插上定位针。（缝合步骤图中省略）

在边上1针的内侧缝合

1 就在腋部挑针缝合的旁边插入钩针，将线拉出。预留5cm左右的线头。

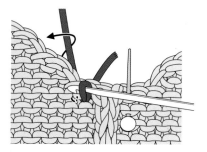

2 在左边相邻针目里插入钩针，挂线。

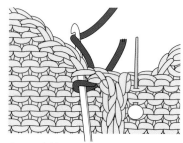

3 一次性引拔，穿过织物以及针上的线圈。

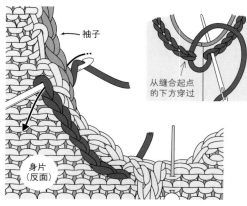

袖子

身片（反面）

从缝合起点的下方穿过

4 针目部分逐针引拔，行上平均在3行里引拔2次进行缝合。结束时将线头穿入缝针，然后将缝针从第1针的下方穿过缝出1针，从袖子侧出针。

从另线锁针起针上挑针

· 解开另线锁针的方法——从另线锁针的终点挑针开始编织的情况

右端

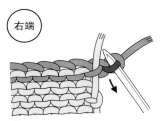

1 看着织物的反面，在另线锁针的里山插入棒针，将线头挑出。

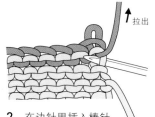

拉出

2 在边针里插入棒针，解开另线锁针。

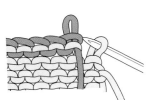

3 解开1针后的状态。

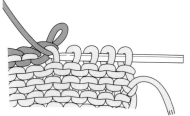

4 一针一针地，一边解开另线锁针一边将针目穿至棒针上。

左端

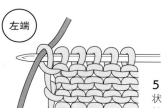

5 最后1针呈扭转状态，直接插入棒针，抽出另线锁针的线头。

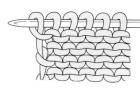

6 将针目全部穿至棒针后的状态。

注意！

一边解开另线锁针一边穿至棒针上的针目不计为1行。加入新线编织的第1行才是挑针行。

钩针基础针法

环形起针

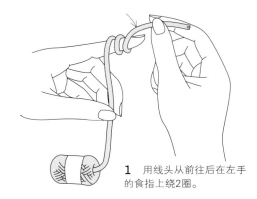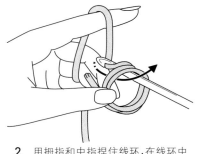

1 用线头从前往后在左手的食指上绕2圈。

2 用拇指和中指捏住线环，在线环中插入钩针，挂线后拉出。

3 从线环中拉出线后，再次在钩针上挂线拉出。

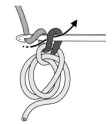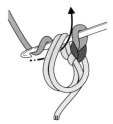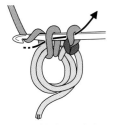

4 环形起针完成。

5 开始钩织第1圈，钩针挂线立织1针锁针。

6 在线环中插入钩针，针头挂线后拉出。

7 针头挂线，一次性引拔穿过2个线圈。

8 1针短针完成后的状态。接着钩织所需针数。

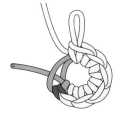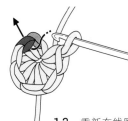

9 钩织所需针数后，从线圈中取下钩针。

10 轻轻地拉动线头，2个线环中会有1根活动的线，拉动该线收紧线环。

11 慢慢拉动线头，收紧线环。

12 重新在线圈中插入钩针，在第1针头部引拔。第1圈完成。

短针

宝库社符号　JIS 符号

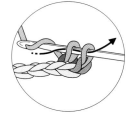

1 钩织所需针数的锁针（起针数+立织的1针），在起针的边针里插入钩针。（在此处里山挑针）

2 就像用针背将线推出一样转动针头，挂线后拉出。

3 针头挂线，一次性引拔穿过针上的2个线圈。

4 1针短针完成。接着在相邻的起针针目里挑针，重复步骤2~4继续钩织短针。

引拔针

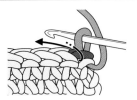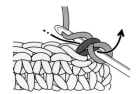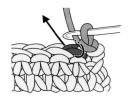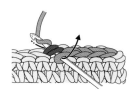

1 将线放在后面，在前一行针目的头部插入钩针。

2 针头挂线，一次性引拔出。

3 接着在前一行针目的头部插入钩针引拔。

4 重复以上操作，织物变得更加紧致、平整。

TOKAI ERIKA NO AMIKOMI KNIT（NV70605）

Copyright © Erika Tokai / NIHON VOGUE–SHA 2020 All rights reserved.

Photographers: Yukari Shirai, Miki Tanabe, Noriaki Moriya

Original Japanese edition published in Japan by NIHON VOGUE Corp.

Simplified Chinese translation rights arranged with BEIJING BAOKU INTERNATIONAL

CULTURAL DEVELOPMENT Co., Ltd.

作者简介

东海绘里香（Erika Tokai）

日本女子美术大学短期大学造型专业服装设计课程毕业后，曾就职于毛线生产厂。2008年开始陆续在个展及策划展上展出作品。目前，在作品创作和设计之余，还在宝库学园担任讲师。著有《每日のごきげんニット》(日本靓丽社出版)。

备案号：豫著许可备字-2021-A-0017

图书在版编目（CIP）数据

东海绘里香令人心动的配色编织 /（日）东海绘里香著；蒋幼幼译. —郑州：河南科学技术出版社，2021.8

　ISBN 978-7-5725-0551-5

Ⅰ.①东… Ⅱ.①东… ②蒋… Ⅲ.①手工编织 Ⅳ.①TS935.5

中国版本图书馆CIP数据核字（2021）第147078号

出版发行：河南科学技术出版社
　　　　　地址：郑州市郑东新区祥盛街27号　　邮编：450016
　　　　　电话：（0371）65737028　　65788613
　　　　　网址：www.hnstp.cn
策划编辑：刘　欣
责任编辑：刘　欣
责任校对：王晓红
封面设计：张　伟
责任印制：张艳芳
印　　刷：北京盛通印刷股份有限公司
经　　销：全国新华书店
开　　本：889 mm×1 194 mm　1/16　　印张：7　　字数：220千字
版　　次：2021年8月第1版　　2021年8月第1次印刷
定　　价：59.00元

如发现印、装质量问题，影响阅读，请与出版社联系并调换。